国家电网公司
STATE GRID
CORPORATION OF CHINA

U0662163

国家电网公司
电力安全工作规程习题集

配电部分

中国电力出版社
CHINA ELECTRIC POWER PRESS

图书在版编目（CIP）数据

国家电网公司电力安全工作规程习题集. 配电部分 / 国家电网公司编. —北京：中国电力出版社，2016.3（2018.1 重印）

ISBN 978–7–5123–9049–2

Ⅰ. ①国… Ⅱ. ①国… Ⅲ. ①电力工业–安全规程–中国–技术培训–习题集②输配电线路–安全规程–中国–技术培训–习题集 Ⅳ. ①TM08–65

中国版本图书馆 CIP 数据核字（2016）第 046197 号

中国电力出版社出版、发行

（北京市东城区北京站西街 19 号　100005　http://www.cepp.sgcc.com.cn）
北京雁林吉兆印刷有限公司印刷
各地新华书店经售

*

2016 年 3 月第一版　　　2018 年 1 月北京第十五次印刷
850 毫米×1168 毫米　32 开本　10.25 印张　258 千字
印数 162001—165000 册　　定价 **41.00** 元

前　言

　　《国家电网公司电力安全工作规程》（简称《安规》）作为电力生产现场安全管理的最重要规程，是保证人身安全、电网安全和设备安全的最基本要求，得到了公司系统广大干部员工的普遍重视和广泛应用。为帮助各级人员学习、理解和执行《安规》，国网安质部组织对《国家电网公司电力安全工作规程习题集》（中国电力出版社，2014 年出版）进行了修编、补充和完善，对应《安规》分类，形成《国家电网公司电力安全工作规程习题集（变电部分）》《国家电网公司电力安全工作规程习题集（线路部分）》《国家电网公司电力安全工作规程习题集（配电部分）》三册。此次习题集内容编排，不再沿用习题与答案、规程条款相分离方式，采用"规程条款、对应习题、参考答案"编排方式，在《安规》原文条款后直接对应设置若干习题，便于对照参考学习和复习巩固提高；同时，尽可能增加客观题数量，适当减少主观题数量，取消填空题，合并简答题与问答题，增加工作票试题，以增强习题的实用性和测试功能。

　　本书为《国家电网公司电力安全工作规程习题集（配电部分）》，由 438 个单选题、220 个多选题、411 个判断题、38 个问答题、20 个案例分析和 5 个工作票试题组成，并将答案附于习题之后。同时为方便使用者更加灵活的学习使用，配套开发了习题集学习软件，以 DVD-ROM 形式附于书后。希望生产一线人员和各级管理人员通过本书的学习能够更好地掌握《安规》，进一步提高执行《安规》的能力，更有力地保障公司安全生产工作。

编　者
2016 年 3 月

目　录

第一部分

习　题

1 总　　则

1.1　为加强配电作业现场管理，规范各类工作人员的行为，保证人身、电网和设备安全，依据国家有关法律、法规，结合配电作业实际，制定本规程。

【多选题】为加强配电作业现场管理，规范各类工作人员的行为，保证（　　）安全，依据国家有关法律、法规，结合配电作业实际，制定本规程。

A. 人身　　　　B. 电网　　　　C. 设备　　　　D. 设施

答案：ABC

1.2　任何人发现有违反本规程的情况，应立即制止，经纠正后方可恢复作业。作业人员有权拒绝违章指挥和强令冒险作业；在发现直接危及人身、电网和设备安全的紧急情况时，有权停止作业或者在采取可能的紧急措施后撤离作业场所，并立即报告。

【单选题】任何人发现有违反本规程的情况，应立即制止，经（　　）后方可恢复作业。

A. 上级领导同意　　　　　　B. 处罚

C. 批评教育　　　　　　　　D. 纠正

答案：D

【单选题】（　　）有权拒绝违章指挥和强令冒险作业；在发现直接危及人身、电网和设备安全的紧急情况时，有权停止作业或者在采取可能的紧急措施后撤离作业场所，并立即报告。

A. 工作人员　　　　　　　　B. 管理人员

C. 作业人员　　　　　　　　D. 任何人

答案：C

【多选题】作业人员有权拒绝（　　）。

A. 强令冒险作业　　　　　　B. 标准化作业

C. 规范作业　　　　　　　　D. 违章指挥

答案：AD

【判断题】作业人员在发现直接危及人身、电网和设备安全的紧急情况时，有权停止作业或者在采取可能的紧急措施后撤离作业场所，并立即报告。

答案：正确

1.3　在试验和推广新技术、新工艺、新设备、新材料的同时，应制定相应的安全措施，经本单位批准后执行。

【单选题】在试验和推广新技术、新工艺、新设备、新材料的同时，应制定相应的（　　），经本单位批准后执行。

A. 组织措施　　　　　　　　B. 技术措施

C. 安全措施　　　　　　　　D. 应急措施

答案：C

【多选题】在试验和推广（　　）的同时，应制定相应的安全措施，经本单位批准后执行。

A. 新技术　　B. 新工艺　　C. 新设备　　D. 新材料

答案：ABCD

【判断题】在试验和推广新技术、新工艺、新设备、新材料的同时，应制定相应的安全措施，经本单位分管生产的领导（总工程师）批准后执行。

答案：错误

1.4　电气设备分为高压和低压两种：

高压电气设备：电压等级在 1000V 以上者；

低压电气设备：电压等级在 1000V 及以下者。

【判断题】低压电气设备电压等级为 1000V 以下。

答案：错误

【判断题】高压电气设备电压等级为在 1000V 以上。

答案：正确

1.5　本规程的附录 H、I、K、O 为规范性附录。附录 A～G、J、

L、M、N 和 P 为资料性附录。

1.6 本规程适用于国家电网公司系统各单位所管理的运用中的配电线路、设备和用户配电设备及相关场所。变电站、发电厂内的配电设备执行 Q/GDW 1799.1—2013《国家电网公司电力安全工作规程 变电部分》。

配电线路系指 20kV 及以下配电网中的架空线路、电缆线路及其附属设备等。

配电设备系指 20kV 及以下配电网中的配电站、开闭所（开关站，以下简称开闭所）、箱式变电站、柱上变压器、柱上开关（包括柱上断路器、柱上负荷开关）、环网单元、电缆分支箱、低压配电箱、电表计量箱、充电桩等。

运用中的配电线路和设备，系指全部带有电压、一部分带有电压或一经操作即带有电压的配电线路和设备。

【单选题】配电线路系指（ ）kV 及以下配电网中的架空线路、电缆线路及其附属设备等。

A. 6　　　　　B. 10　　　　　C. 20　　　　　D. 35

答案：C

【多选题】运用中的配电线路和设备，系指（ ）的配电线路和设备。

A. 全部带有电压　　　　　B. 一部分带有电压

C. 一经操作即带有电压　　　D. 已安装完毕

答案：ABC

【多选题】本规程适用于国家电网公司系统各单位所管理的运用中的（ ）及相关场所。

A. 配电线路、设备　　　　　B. 变电站内配电设备

C. 用户配电设备　　　　　D. 发电厂内低压配电设备

答案：AC

【多选题】配电设备系指20kV 及以下配电网中的配电站、开闭所（开关站，以下简称开闭所）、箱式变电站、柱上变压器、柱

上开关（包括柱上断路器、柱上负荷开关）、环网单元、电缆分支箱、（　　）等。

A. 变电站内开关柜　　　　　B. 低压配电箱

C. 电表计量箱　　　　　　　D. 充电桩

答案：BCD

1.7 从事配电相关工作的所有人员应遵守并严格执行本规程。

【单选题】从事配电相关工作的（　　）应遵守并严格执行本规程。

A. 运维人员　　　　　　　　B. 检修人员

C. 施工人员　　　　　　　　D. 所有人员

答案：D

2 配电作业基本条件

2.1 作业人员。

2.1.1 经医师鉴定，无妨碍工作的病症（体格检查每两年至少一次）。

【单选题】作业人员应经医师鉴定，无妨碍工作的病症，体格检查每（ ）至少一次。

A. 半年　　　　B. 一年　　　　C. 两年　　　　D. 三年

答案：C

2.1.2 具备必要的安全生产知识，学会紧急救护法，特别要学会触电急救。

【单选题】作业人员应具备必要的安全生产知识，学会紧急救护法，特别要学会（ ）。

A. 创伤急救　　　　　　　　B. 触电急救

C. 溺水急救　　　　　　　　D. 灼伤急救

答案：B

2.1.3 接受相应的安全生产知识教育和岗位技能培训，掌握配电作业必备的电气知识和业务技能，并按工作性质，熟悉本规程的相关部分，经考试合格后上岗。

【单选题】作业人员应接受相应的安全生产知识教育和岗位技能培训，掌握配电作业必备的电气知识和业务技能，并按工作性质，熟悉本规程的相关部分，经（ ）合格上岗。

A. 培训　　　　B. 口试　　　　C. 考试　　　　D. 考核

答案：C

【多选题】作业人员应（ ），经考试合格上岗。

A. 接受相应的安全生产知识教育和岗位技能培训

B. 掌握配电作业必备的电气知识

C. 掌握配电作业必备的业务技能

D. 并按工作性质，熟悉本规程的相关部分

答案：ABCD

2.1.4 参与公司系统所承担电气工作的外单位或外来人员应熟悉本规程；经考试合格，并经设备运维管理单位认可后，方可参加工作。

【单选题】参与公司系统所承担电气工作的外单位或外来人员应熟悉本规程；经考试合格，并经（　　　）认可后，方可参加工作。

A. 工程管理单位　　　　　　　B. 设备运维管理单位

C. 公司领导　　　　　　　　　D. 安监部门

答案：B

2.1.5 作业人员应被告知其作业现场和工作岗位存在的危险因素、防范措施及事故紧急处理措施。作业前，设备运维管理单位应告知现场电气设备接线情况、危险点和安全注意事项。

【单选题】作业人员应被告知其作业现场和（　　　）存在的危险因素、防范措施及事故紧急处理措施。

A. 办公地点　　　　　　　　　B. 生产现场

C. 工作岗位　　　　　　　　　D. 检修地点

答案：C

【多选题】作业人员应被告知其作业现场和工作岗位存在的（　　　）。

A. 危险因素　　　　　　　　　B. 设备缺陷

C. 防范措施　　　　　　　　　D. 事故紧急处理措施

答案：ACD

【多选题】作业人员应被告知其作业现场和工作岗位存在的危险因素、防范措施及事故紧急处理措施。作业前，设备运维管理单位应告知（　　　）。

A. 电气设备知识　　　　　　　B. 现场电气设备接线情况

C. 危险点　　　　　　　　D. 安全注意事项

答案：BCD

2.1.6 进入作业现场应正确佩戴安全帽，现场作业人员还应穿全棉长袖工作服、绝缘鞋。

【单选题】进入作业现场应正确佩戴安全帽，现场作业人员还应穿（　　）、绝缘鞋。

A. 绝缘服　　　　　　　　B. 屏蔽服

C. 防静电服　　　　　　　D. 全棉长袖工作服

答案：D

2.1.7 进出配电站、开闭所应随手关门。

【判断题】进出配电站、开闭所应随手关门。

答案：正确

2.1.8 工作人员禁止擅自开启直接封闭带电部分的高压配电设备柜门、箱盖、封板等。

【判断题】工作人员禁止擅自开启直接封闭带电部分的高压配电设备柜门、箱盖、封板等。

答案：正确

2.1.9 作业人员对本规程应每年考试一次。因故间断电气工作连续三个月及以上者，应重新学习本规程，并经考试合格后，方可恢复工作。

【单选题】作业人员对本规程应每年考试一次。因故间断电气工作连续（　　）及以上者，应重新学习本规程，并经考试合格后，方可恢复工作。

A. 一个月　　B. 两个月　　C. 三个月　　D. 六个月

答案：C

【单选题】作业人员对本规程应（　　）考试一次。因故间断电气工作连续三个月及以上者，应重新学习本规程，并经考试合格后，方可恢复工作。

A. 每月　　　B. 每半年　　C. 每年　　　D. 每两年

答案：C

2.1.10 新参加电气工作的人员、实习人员和临时参加劳动的人员（管理人员、非全日制用工等），应经过安全生产知识教育后，方可下现场参加指定的工作，并且不得单独工作。

【单选题】新参加电气工作的人员、实习人员和临时参加劳动的人员（管理人员、非全日制用工等），应经过（　　）后，方可下现场参加指定的工作，并且不得单独工作。

A. 专业技能培训　　　　　B. 安全生产知识教育

C. 考试合格　　　　　　　D. 电气知识培训

答案：B

【判断题】新参加电气工作的人员、实习人员和临时参加劳动的人员（管理人员、非全日制用工等），应经过安全生产知识教育后，方可下现场单独工作。

答案：错误

2.2 配电线路和设备。

2.2.1 在多电源和有自备电源的用户线路的高压系统接入点处，应有明显断开点。

【单选题】在多电源和有自备电源的用户线路的（　　）处，应有明显断开点。

A. 低压系统接入点　　　　B. 分布式电源接入点

C. 高压系统接入点　　　　D. 产权分界点

答案：C

【单选题】在多电源和有自备电源的用户线路的高压系统接入点，应有明显（　　）。

A. 电气指示　　　　　　　B. 机械指示

C. 警示标识　　　　　　　D. 断开点

答案：D

2.2.2 在绝缘导线所有电源侧及适当位置（如支接点、耐张杆处等）、柱上变压器高压引线处，应装设验电接地环或其他验电、接地装置。

【单选题】在绝缘导线所有电源侧及适当位置（如支接点、耐张杆处等）、柱上变压器高压引线，应装设（　　）或其他验电、接地装置。

A. 验电环　　　　　　　　　B. 接地环

C. 带电显示器　　　　　　　D. 验电接地环

答案：D

【判断题】在绝缘导线所有电源侧及适当位置（如支接点、耐张杆处等）、柱上变压器高压引线处，应装设验电接地环或其他验电、接地装置。

答案：正确

2.2.3 高压配电站、开闭所、箱式变电站、环网柜等高压配电设备应有防误操作闭锁装置。

【多选题】（　　）等高压配电设备应有防误操作闭锁装置。

A. 高压配电站　　　　　　　B. 开闭所

C. 箱式变电站　　　　　　　D. 环网柜

答案：ABCD

【判断题】高压配电站、开闭所、箱式变电站、环网柜等高压配电设备应有防误操作闭锁装置。

答案：正确

2.2.4 柜式配电设备的母线侧封板应使用专用螺丝和工具，专用工具应妥善保存，柜内有电时禁止开启。

【判断题】柜式配电设备的母线侧封板应使用专用螺丝和工具，专用工具应妥善保存，柜内有电时禁止开启。

答案：正确

2.2.5 封闭式高压配电设备进线电源侧和出线线路侧应装设带电显示装置。

【单选题】封闭式高压配电设备（　　）应装设带电显示装置。

A. 进线电源侧　　　　　　　B. 出线线路侧

C. 进线电源侧和出线线路侧　　D. 进线侧

答案：C

2.2.6 配电设备的操作机构上应有中文操作说明和状态指示。

【判断题】配电设备的操作机构上应有中文操作说明和状态指示。

答案：正确

2.2.7 配电设备接地电阻应合格。

【判断题】配电设备接地电阻应合格。

答案：正确

2.2.8 环网柜、电缆分支箱等箱式配电设备宜装设验电、接地装置。

【判断题】环网柜、电缆分支箱等箱式配电设备宜装设验电、接地装置。

答案：正确

2.2.9 柱上断路器应有分、合位置的机械指示。

【单选题】柱上断路器应有分、合位置的（　　　）指示。

A. 机械　　　　B. 电气　　　C. 仪表　　　　D. 带电

答案：A

2.2.10 封闭式组合电器引出电缆备用孔或母线的终端备用孔应用专用器具封闭。

【单选题】封闭式组合电器引出电缆备用孔或母线的终端备用孔应用（　　　）封闭。

A. 绝缘挡板　　　　　　　　B. 防火泥

C. 专用器具　　　　　　　　D. 遮栏

答案：C

2.2.11 待用间隔（已接上母线的备用间隔）应有名称、编号，并纳入调度控制中心管辖范围。其隔离开关（刀闸）操作手柄、网门应能加锁。

【单选题】待用间隔（已接上母线的备用间隔）应有（　　　），

并纳入调度控制中心管辖范围。其隔离开关（刀闸）操作手柄、网门应能加锁。

A. 名称   B. 编号

C. 名称、编号   D. 名称、编号、电压等级

答案：C

【判断题】待用间隔（已接上母线的备用间隔）可暂不用名称、编号，但应纳入调度控制中心管辖范围。

答案：错误

2.2.12 高压手车开关拉出后，隔离挡板应可靠封闭。

【单选题】高压手车开关拉出后，（   ）应可靠封闭。

A. 绝缘挡板   B. 柜门

C. 箱盖   D. 隔离挡板

答案：D

2.3 作业现场。

2.3.1 作业现场的生产条件和安全设施等应符合有关标准、规范的要求，作业人员的劳动防护用品应合格、齐备。

【单选题】作业现场的（   ）和安全设施等应符合有关标准、规范的要求，作业人员的劳动防护用品应合格、齐备。

A. 安全装置   B. 环境卫生

C. 生产条件   D. 技术措施

答案：C

【单选题】作业现场的生产条件和安全设施等应符合有关标准、规范的要求，作业人员的（   ）应合格、齐备。

A. 劳动防护用品   B. 工作服

C. 安全工器具   D. 施工机具

答案：A

2.3.2 经常有人工作的场所及施工车辆上宜配备急救箱，存放急救用品，并应指定专人经常检查、补充或更换。

【单选题】经常有人工作的场所及施工车辆上宜配备急救

箱，存放（　　），并应指定专人经常检查、补充或更换。

A. 防蚊虫药品　　　　　　B. 医用绷带

C. 创可贴　　　　　　　　D. 急救用品

答案：D

【多选题】经常有人工作的场所及施工车辆上宜配备急救箱，存放急救用品，并应指定专人经常（　　）。

A. 检查　　　B. 清理　　　C. 补充　　　D. 更换

答案：ACD

【判断题】经常有人工作的场所及施工车辆上应配备急救箱，存放急救用品，并应指定专人定期检查、补充或更换。

答案：错误

2.3.3　地下配电站，宜装设通风、排水装置，配备足够数量的消防器材或安装自动灭火系统。过道和楼梯处，应设逃生指示和应急照明等。

【单选题】地下配电站过道和楼梯处，应设（　　）和应急照明等。

A. 防踏空线　　　　　　　B. 逃生指示

C. 防绊跤线　　　　　　　D. 挡鼠板

答案：B

【多选题】地下配电站，宜装设（　　）装置，配备足够数量的消防器材或安装自动灭火系统。

A. 测温　　　B. 通风　　　C. 排水　　　D. 除湿

答案：BC

2.3.4　装有 SF_6 设备的配电站，应装设强力通风装置，风口应设置在室内底部，其电源开关应装设在门外。

【单选题】装有 SF_6 设备的配电站，应装设强力通风装置，风口应设置在（　　），其电源开关应装设在门外。

A. 室内中部　　　　　　　B. 室内顶部

C. 室内底部　　　　　　　D. 室内电缆通道

答案：C

【判断题】装有 SF_6 设备的配电站，应装设强力通风装置，风口应设置在室内底部，其电源开关应装设在门内。

答案：错误

2.3.5 配电站、开闭所、箱式变电站的门应朝向外开。

【判断题】配电站、开闭所、箱式变电站的门应朝向内开。

答案：错误

2.3.6 配电站、开闭所户外高压配电线路、设备的裸露部分在跨越人行过道或作业区时，若 10、20kV 导电部分对地高度分别小于 2.7、2.8m，则该裸露部分底部和两侧应装设护网。户内高压配电设备的裸露导电部分对地高度小于 2.5m 时，该裸露部分底部和两侧应装设护网。

【单选题】配电站、开闭所户内高压配电设备的裸露导电部分对地高度小于（　　　）m 时，该裸露部分底部和两侧应装设护网。

A. 2.8　　　　 B. 2.5　　　　 C. 2.6　　　　 D. 2.7

答案：B

【多选题】配电站、开闭所户外高压配电线路、设备的裸露部分在跨越人行过道或作业区时，若 10、20kV 导电部分对地高度分别小于（　　　）m 时，则该裸露部分底部和两侧应装设护网。

A. 2.5　　　　 B. 2.6　　　　 C. 2.7　　　　 D. 2.8

答案：CD

2.3.7 配电站、开闭所户外高压配电线路、设备所在场所的行车通道上，应根据表 2-1 设置行车安全限高标志。

表 2-1　　　　　车辆（包括装载物）外廓至无遮栏带电部分之间的安全距离

电压等级（kV）	安全距离（m）
10	0.95
20	1.05

【单选题】配电站、开闭所户外 10kV 高压配电线路、设备所在场所的行车通道上，车辆（包括装载物）外廓至无遮栏带电部分之间的安全距离为（　　）m。

A. 0.7　　　B. 0.95　　　C. 1.05　　　D. 1.15

答案：B

【单选题】配电站、开闭所户外 20kV 高压配电线路、设备所在场所的行车通道上，车辆（包括装载物）外廓至无遮栏带电部分之间的安全距离为（　　）m。

A. 0.7　　　B. 0.95　　　C. 1.05　　　D. 1.15

答案：C

2.3.8 室内母线分段部分、母线交叉部分及部分停电检修易误碰有电设备的，应设有明显标志的永久性隔离挡板（护网）。

【多选题】室内（　　），应设有明显标志的永久性隔离挡板（护网）。

A. 母线分段部分

B. 母线交叉部分

C. 母线平行部分

D. 部分停电检修易误碰有电设备的

答案：ABD

2.3.9 配电设备的排列布置应在其前后或两侧留有巡检、操作和逃生的通道。

【多选题】配电设备的排列布置应在其前后或两侧留有（　　）的通道。

A. 巡检　　　B. 操作　　　C. 逃生　　　D. 运输

答案：ABC

2.3.10 电缆孔洞，应用防火材料严密封堵。

【判断题】电缆孔洞，应用防水材料严密封堵。

答案：错误

2.3.11 凡装有攀登装置的杆、塔，攀登装置上应设置"禁止攀登，高压危险！"标示牌。装设于地面的配电变压器应设有安全围栏，并悬挂"止步，高压危险！"等标示牌。

【单选题】凡装有攀登装置的杆、塔，攀登装置上应设置（   ）标示牌。

A. "止步，高压危险！"　　　B. "禁止攀登，高压危险！"

C. "从此上下！"　　　　　　D. "有电危险！"

答案：B

【单选题】装设于（   ）的配电变压器应设有安全围栏，并悬挂"止步，高压危险！"等标示牌。

A. 室外　　　B. 室内　　　C. 柱上　　　D. 地面

答案：D

【单选题】装设于地面的配电变压器应设有安全围栏，并悬挂（   ）等标示牌。

A. "止步，高压危险！"　　　B. "禁止攀登，高压危险！"

C. "从此上下！"　　　　　　D. "有电危险！"

答案：A

2.3.12 配电站、开闭所的井、坑、孔、洞或沟（槽）的安全设施要求。

2.3.12.1 井、坑、孔、洞或沟（槽），应覆以与地面齐平而坚固的盖板。检修作业，若需将盖板取下，应设临时围栏，并设置警示标识，夜间还应设红灯示警。临时打的孔、洞，施工结束后，应恢复原状。

【多选题】检修作业，若需将盖板取下，应（   ）。

A. 设临时围栏　　　　　　B. 设置警示标识

C. 夜间还应设黄灯示警　　D. 夜间还应设红灯示警

答案：ABD

【判断题】井、坑、孔、洞或沟（槽），应覆以与地面齐平而坚固的盖板。检修作业，若需将盖板取下，应设临时围栏，并设置警示标识，夜间还应设黄灯示警。

答案：错误

【判断题】井、坑、孔、洞或沟（槽），应覆以与地面齐平而坚固的盖板。检修作业，禁止临时打孔、洞。

答案：错误

2.3.12.2 所有吊物孔、没有盖板的孔洞、楼梯和平台，应装设不低于 1050mm 高的栏杆和不低于 100mm 高的护板。检修作业，若需将栏杆拆除时，应装设临时遮栏，并在检修作业结束时立即将栏杆装回。临时遮栏应由上、下两道横杆及栏杆柱组成。上杆离地高度为 1050～1200mm，下杆离地高度为 500～600mm，并在栏杆下边设置严密固定的高度不低于 180mm 的挡脚板。原有高度 1000mm 的栏杆可不作改动。

【单选题】检修作业，若需将栏杆拆除时，应装设（   ），并在检修作业结束时立即将栏杆装回。

A. 临时遮栏   B. 固定遮栏
C. 安全警示牌   D. 安全警示灯

答案：A

【单选题】检修作业临时遮栏应由上、下两道横杆及栏杆柱组成。上杆离地高度为（   ）mm，下杆离地高度为 500～600mm，并在栏杆下边设置严密固定的高度不低于 180mm 的挡脚板。

A. 1000～1200   B. 1050～1200
C. 1000～1250   D. 1050～1250

答案：B

【判断题】所有吊物孔、没有盖板的孔洞、楼梯和平台，应装设不低于 1000mm 高的栏杆和不低于 100mm 高的护板。

答案：错误

3 保证安全的组织措施

3.1 在配电线路和设备上工作，保证安全的组织措施。

3.1.1 现场勘察制度。

3.1.2 工作票制度。

3.1.3 工作许可制度。

3.1.4 工作监护制度。

3.1.5 工作间断、转移制度。

3.1.6 工作终结制度。

【多选题】在配电线路和设备上工作，以下为保证安全的组织措施的有（   ）。

A. 现场勘察制度　　　　　B. 工作间断、转移制度

C. 工作终结制度　　　　　D. 恢复送电制度

答案：ABC

3.2 现场勘察制度。

3.2.1 配电检修（施工）作业和用户工程、设备上的工作，工作票签发人或工作负责人认为有必要现场勘察的，应根据工作任务组织现场勘察，并填写现场勘察记录（见附录A）。

【多选题】配电检修（施工）作业和用户工程、设备上的工作，（   ）认为有必要现场勘察的，应根据工作任务组织现场勘察，并填写现场勘察记录。

A. 工作票签发人　　　　　B. 工作许可人

C. 工作负责人　　　　　　D. 专责监护人

答案：AC

3.2.2 现场勘察应由工作票签发人或工作负责人组织，工作负责人、设备运维管理单位（用户单位）和检修（施工）单位相关人员参加。对涉及多专业、多部门、多单位的作业项目，应由项目

主管部门、单位组织相关人员共同参与。

【单选题】现场勘察工作，对涉及（　　）的作业项目，应由项目主管部门、单位组织相关人员共同参与。

A. 多专业、多部门　　　　　B. 多部门、多单位

C. 多专业、多单位　　　　　D. 多专业、多部门、多单位

答案：D

【多选题】现场勘察应由工作票签发人或工作负责人组织，（　　）参加。

A. 工作负责人

B. 设备运维管理单位（用户单位）相关人员

C. 检修（施工）单位相关人员

D. 安监人员

答案：ABC

3.2.3 现场勘察应查看检修（施工）作业需要停电的范围、保留的带电部位、装设接地线的位置、邻近线路、交叉跨越、多电源、自备电源、地下管线设施和作业现场的条件、环境及其他影响作业的危险点，并提出针对性的安全措施和注意事项。

【多选题】现场勘察应查看检修（施工）作业需要停电的范围、保留的带电部位、装设接地线的位置、（　　）、多电源、自备电源、地下管线设施和作业现场的条件、环境及其他影响作业的危险点，并提出针对性的安全措施和注意事项。

A. 平行线路　　　　　　　　B. 邻近线路

C. 交叉跨越　　　　　　　　D. 用户配变

答案：BC

【问答题】现场勘察的内容包含哪些？

答案：现场勘察应查看检修（施工）作业需要停电的范围、保留的带电部位、装设接地线的位置、邻近线路、交叉跨越、多电源、自备电源、地下管线设施和作业现场的条件、环境及其他影响作业的危险点，并提出针对性的安全措施和注意事项。

3.2.4 现场勘察后，现场勘察记录应送交工作票签发人、工作负责人及相关各方，作为填写、签发工作票等的依据。

【多选题】现场勘察后，现场勘察记录应送交（　　　）及相关各方，作为填写、签发工作票等的依据。

A. 工作票签发人　　　　B. 工作许可人
C. 工作负责人　　　　　D. 施工负责人

答案：AC

【判断题】现场勘察后，现场勘察记录应送交工作负责人及相关各方，作为填写、签发工作票等的依据。

答案：错误

3.2.5 开工前，工作负责人或工作票签发人应重新核对现场勘察情况，发现与原勘察情况有变化时，应及时修正、完善相应的安全措施。

【单选题】开工前，工作负责人或工作票签发人应重新核对现场勘察情况，发现与原勘察情况有变化时，应及时修正、完善相应的（　　　）。

A. 施工方案　　　　　　B. 组织措施
C. 技术措施　　　　　　D. 安全措施

答案：D

【判断题】开工前，工作负责人或工作票签发人应重新核对现场勘察情况，发现与原勘察情况有变化时，应重新填写、签发工作票。

答案：错误

3.3 工作票制度。

3.3.1 在配电线路和设备上工作，可按下列方式进行。

3.3.1.1 填用配电第一种工作票（见附录B）。

3.3.1.2 填用配电第二种工作票（见附录C）。

3.3.1.3 填用配电带电作业工作票（见附录D）。

3.3.1.4 填用低压工作票（见附录E）。

3.3.1.5 填用配电故障紧急抢修单（见附录 F）。

3.3.1.6 使用其他书面记录或按口头、电话命令执行。

【问答题】根据工作票制度，在配电线路和设备上工作，按哪些方式进行？

答案：在配电线路和设备上工作，可按下列方式进行：

（1）填用配电第一种工作票。

（2）填用配电第二种工作票。

（3）填用配电带电作业工作票。

（4）填用低压工作票。

（5）填用配电故障紧急抢修单。

（6）使用其他书面记录或按口头、电话命令执行。

3.3.2 填用配电第一种工作票的工作。

配电工作，需要将高压线路、设备停电或做安全措施者。

【单选题】配电工作，需要将高压线路、设备停电或做安全措施者，应填用（ ）。

A. 配电线路第一种工作票   B. 配电线路第二种工作票

C. 配电第一种工作票   D. 配电第二种工作票

答案：C

【判断题】填用配电第一种工作票的工作：配电工作，需要将高压线路、设备停电者。

答案：错误

3.3.3 填用配电第二种工作票的工作。

高压配电（含相关场所及二次系统）工作，与邻近带电高压线路或设备的距离大于表 3-1 规定，不需要将高压线路、设备停电或做安全措施者。

表 3-1   高压线路、设备不停电时的安全距离

电压等级（kV）	安全距离（m）	电压等级（kV）	安全距离（m）
10 及以下	0.7	±50	1.5

电压等级（kV）	安全距离（m）	电压等级（kV）	安全距离（m）
20、35	1.0	±400	7.2
66、110	1.5	±500	6.8
220	3.0	±660	9.0
330	4.0	±800	10.1
500	5.0		
750	8.0		
1000	9.5		

注　表中未列电压应选用高一电压等级的安全距离，后同。750kV 数据按海拔
　　2000m 校正，±400kV 数据按海拔 5300m 校正，其他电压等级数据按海拔 1000m
　　校正。

【单选题】10kV 及以下高压线路、设备不停电时的安全距离
为（　　）m。

A. 0.35　　　B. 0.6　　　C. 0.7　　　D. 1.0

答案：C

【判断题】高压配电（含相关场所及二次系统）工作，与邻近
带电高压线路或设备的距离大于表 3-1 规定，应填用配电第二种
工作票。

答案：错误

【判断题】高压配电（含相关场所及二次系统）工作，与邻近
带电高压线路或设备的距离大于表 3-1 规定，不需要将高压线路、
设备停电或做安全措施者，应填用配电第二种工作票。

答案：正确

3.3.4　填用配电带电作业工作票的工作。

3.3.4.1　高压配电带电作业。

3.3.4.2　与邻近带电高压线路或设备的距离大于表 3-2、小于表 3-1
规定的不停电作业。

表 3–2　　　　　　　带电作业时人身与带电体的安全距离

电压等级 (kV)	10	20	35	66	110	220	330	500	750	1000	±400	±500	±660	±800
安全距离 (m)	0.4	0.5	0.6	0.7	1.0	1.8 (1.6)[①]	2.6	3.4 (3.2)[②]	5.2 (5.6)[③]	6.8 (6.0)[④]	3.8[⑤]	3.4	4.5[⑥]	6.8

注　表中数据是根据线路带电作业安全要求提出的。除标注数据外，其他电压等级数据按海拔 1000m 校正。

① 220kV 带电作业安全距离因受设备限制达不到 1.8m 时，经单位批准，并采取必要的措施后，可采用括号内 1.6m 的数值。

② 海拔 500m 以下，500kV 取 3.2m 值，但不适用于 500kV 紧凑型线路。海拔在 500～1000m 时，500kV 取 3.4m 值。

③ 直线塔边相或中相值：5.2m 为海拔 1000m 以下值，5.6m 为海拔 2000m 以下值。

④ 此为单回输电线路数据，括号中数据 6.0m 为边相值，6.8m 为中相值。表中数值不包括人体占位间隙，作业中需考虑人体占位间隙不得小于 0.5m。

⑤ ±400kV 数据是按海拔 3000m 校正的，海拔为 3500、4000、4500、5000、5300m 时最小安全距离依次为 3.9、4.1、4.3、4.4、4.5m。

⑥ ±660kV 数据是按海拔 500～1000m 校正的，海拔 1000～1500、1500～2000m 时最小安全距离依次为 4.7、5.0m。

【判断题】工作时人身与 10kV 带电体的距离为 0.35m 时，应采取带电作业方式。

答案：错误

3.3.5　填用低压工作票的工作。

低压配电工作，不需要将高压线路、设备停电或做安全措施者。

【判断题】低压配电工作，不需要将低压线路、设备停电或做安全措施者，应填用低压工作票。

答案：错误

3.3.6　填用配电故障紧急抢修单的工作。

配电线路、设备故障紧急处理应填用工作票或配电故障紧急抢修单。

配电线路、设备故障紧急处理，系指配电线路、设备发生故障被迫紧急停止运行，需短时间恢复供电或排除故障的、连续进行的故障修复工作。

非连续进行的故障修复工作，应使用工作票。

【单选题】非连续进行的故障修复工作，应使用（　　　）。

A. 故障紧急抢修单　　　　B. 工作票

C. 施工作业票　　　　　　D. 故障应急抢修单

答案：B

【多选题】配电线路、设备故障紧急处理，系指配电线路、设备发生故障被迫紧急停止运行，（　　　）的故障修复工作。

A. 需短时间恢复供电　　　B. 需短时间排除故障

C. 连续进行　　　　　　　D. 长时间

答案：ABC

【判断题】配电线路、设备故障紧急处理应填用工作票或配电故障紧急抢修单。

答案：正确

3.3.7 可使用其他书面记录或按口头、电话命令执行的工作。

3.3.7.1 测量接地电阻。

3.3.7.2 砍剪树木。

3.3.7.3 杆塔底部和基础等地面检查、消缺。

3.3.7.4 涂写杆塔号、安装标志牌等工作地点在杆塔最下层导线以下，并能够保持表 3–1 规定的安全距离的工作。

3.3.7.5 接户、进户计量装置上的不停电工作。

3.3.7.6 单一电源低压分支线的停电工作。

3.3.7.7 不需要高压线路、设备停电或做安全措施的配电运维一体工作。

实施此类工作时，可不使用工作票，但应以其他书面形式记录相应的操作和工作等内容。

3.3.7.8 书面记录包括作业指导书（卡）、派工单、任务单、工作记录等。

3.3.7.9 按口头、电话命令执行的工作应留有录音或书面派工记录。记录内容应包含指派人、工作人员（负责人）、工作任务、工作地点、派工时间、工作结束时间、安全措施（注意事项）及完成情况等内容。

【多选题】可使用其他书面记录或按口头、电话命令执行的工作有（   ）。

A. 测量接地电阻　　　　　B. 砍剪树木

C. 涂写杆塔号、安装标志牌　D. 低压分支线的停电工作

答案：AB

【多选题】书面记录包括（   ）等。

A. 作业指导书（卡）　　　B. 派工单

C. 任务单　　　　　　　　D. 工作记录

答案：ABCD

【多选题】书面派工记录内容应包含（   ）派工时间、工作结束时间、安全措施（注意事项）及完成情况等内容。

A. 指派人　　　　　　　　B. 工作人员（负责人）

C. 工作任务　　　　　　　D. 工作地点

答案：ABCD

【判断题】接户、进户计量装置上的停电工作，可使用其他书面记录或按口头、电话命令执行。

答案：错误

【判断题】不需要高压线路、设备停电或做安全措施的配电运维一体工作，可使用其他书面记录或按口头、电话命令执行。

答案：正确

【问答题】可使用其他书面记录或按口头、电话命令执行的工作有哪些？

答案：（1）测量接地电阻。

（2）砍剪树木。

（3）杆塔底部和基础等地面检查、消缺。

（4）涂写杆塔号、安装标志牌等工作地点在杆塔最下层导线以下，并能够保持表 3-1 规定的安全距离的工作。

（5）接户、进户计量装置上的不停电工作。

（6）单一电源低压分支线的停电工作。

（7）不需要高压线路、设备停电或做安全措施的配电运维一体工作。

3.3.8 工作票的填写与签发。

3.3.8.1 工作票由工作负责人填写，也可由工作票签发人填写。

【多选题】工作票由（　　　）填写。

A. 工作票签发人　　　　　　B. 工作负责人

C. 工作许可人　　　　　　　D. 专责监护人

答案：AB

3.3.8.2 工作票、故障紧急抢修单采用手工方式填写时，应用黑色或蓝色的钢（水）笔或圆珠笔填写和签发，至少一式两份。工作票票面上的时间、工作地点、线路名称、设备双重名称（即设备名称和编号）、动词等关键字不得涂改。若有个别错、漏字需要修改、补充时，应使用规范的符号，字迹应清楚。

用计算机生成或打印的工作票应使用统一的票面格式。

【单选题】工作票票面上若有个别(　　　)需要修改、补充时，应使用规范的符号，字迹应清楚。

A. 错字　　　　B. 漏字　　　　C. 错、漏字　　D. 工作任务

答案：C

【多选题】工作票票面上的（　　　）等关键字不得涂改。

A. 时间、工作地点　　　　　B. 线路名称

C. 设备双重名称　　　　　　D. 动词

答案：ABCD

【判断题】用计算机生成或打印的工作票应使用统一的票面

格式。

答案：正确

3.3.8.3 由工作班组现场操作时，若不填用操作票，应将设备的双重名称，线路的名称、杆号、位置及操作内容等按操作顺序填写在工作票上。

【单选题】由工作班组现场操作时，若不填用操作票，应将设备的双重名称，（　　　）及操作内容等按操作顺序填写在工作票上。

A. 设备名称和编号　　　　B. 线路的名称、杆号、位置

C. 双重称号　　　　　　　D. 设备名称

答案：B

3.3.8.4 工作票应由工作票签发人审核，手工或电子签发后方可执行。

【判断题】工作票应由工作许可人审核，手工或电子签发后方可执行。

答案：错误

3.3.8.5 工作票由设备运维管理单位签发，也可由经设备运维管理单位审核合格且经批准的检修（施工）单位签发。检修（施工）单位的工作票签发人、工作负责人名单应事先送设备运维管理单位、调度控制中心备案。

【单选题】配电工作票由设备运维管理单位签发，也可由经设备运维管理单位审核合格且经批准的（　　　）签发。

A. 修试及基建单位　　　　B. 修试（施工）单位

C. 检修及基建单位　　　　D. 检修（施工）单位

答案：D

【判断题】工作票必须由设备运维管理单位签发。

答案：错误

3.3.8.6 承、发包工程，工作票可实行"双签发"。签发工作票时，双方工作票签发人在工作票上分别签名，各自承担相应的安

全责任。

【判断题】承、发包工程，工作票可实行"双签发"。签发工作票时，双方工作票签发人在工作票上分别签名，各自承担相应的安全责任。

答案：正确

3.3.8.7 供电单位或施工单位到用户工程或设备上检修（施工）时，工作票应由有权签发的用户单位、施工单位或供电单位签发。

【单选题】供电单位或施工单位到用户工程或设备上检修（施工）时，工作票应由有权签发的（　　　　）签发。

A. 供电单位

B. 用户单位、施工单位或供电单位

C. 用户单位或供电单位

D. 施工单位或用户单位

答案：B

3.3.8.8 一张工作票中，工作票签发人、工作许可人和工作负责人三者不得为同一人。工作许可人中只有现场工作许可人（作为工作班成员之一，进行该工作任务所需现场操作及做安全措施者）可与工作负责人相互兼任。若相互兼任，应具备相应的资质，并履行相应的安全责任。

【判断题】一张工作票中，工作票签发人、工作许可人和工作负责人三者不得为同一人。

答案：正确

【判断题】一张配电工作票中，现场工作许可人与工作负责人不得相互兼任。

答案：错误

3.3.9 工作票的使用。

3.3.9.1 以下情况可使用一张配电第一种工作票：

（1）一条配电线路（含线路上的设备及其分支线，下同）或同一个电气连接部分的几条配电线路或同（联）杆塔架设、同沟

（槽）敷设且同时停送电的几条配电线路。

（2）不同配电线路经改造形成同一电气连接部分，且同时停送电者。

（3）同一高压配电站、开闭所内，全部停电或属于同一电压等级、同时停送电、工作中不会触及带电导体的几个电气连接部分上的工作。

（4）配电变压器及与其连接的高低压配电线路、设备上同时停送电的工作。

（5）同一天在几处同类型高压配电站、开闭所、箱式变电站、柱上变压器等配电设备上依次进行的同类型停电工作。

同一张工作票多点工作，工作票上的工作地点、线路名称、设备双重名称、工作任务、安全措施应填写完整。不同工作地点的工作应分栏填写。

【多选题】同一张工作票多点工作，工作票上的工作地点、（   ）应填写完整。不同工作地点的工作应分栏填写。

A. 线路名称　　　　　　　B. 设备双重名称

C. 工作任务　　　　　　　D. 安全措施

答案：ABCD

【判断题】同一高压配电站、开闭所内，全部停电或属于同一电压等级、同时停送电的几个电气连接部分上的工作，可使用一张配电第一种工作票。

答案：错误

【判断题】配电变压器及与其连接的高低压配电线路、设备上依次停送电的工作，可使用一张配电第一种工作票。

答案：错误

【判断题】同一天在几处同类型高压配电站、开闭所、箱式变电站、柱上变压器等配电设备上同时进行的同类型停电工作，可使用一张配电第一种工作票。

答案：错误

3.3.9.2 以下情况可使用一张配电第二种工作票：

（1）同一电压等级、同类型、相同安全措施且依次进行的不同配电线路或不同工作地点上的不停电工作。

（2）同一高压配电站、开闭所内，在几个电气连接部分上依次进行的同类型不停电工作。

【单选题】同一电压等级、同类型、相同安全措施且依次进行的（　　）上的不停电工作，可使用一张配电第二种工作票。

A. 不同配电线路或不同工作地点

B. 不同配电线路

C. 不同工作地点

D. 相邻配电线路

答案：A

【判断题】同一高压配电站、开闭所内，在几个电气连接部分上依次进行的同类型不停电工作可使用一张配电第一种工作票。

答案：错误

3.3.9.3 对同一电压等级、同类型、相同安全措施且依次进行的数条配电线路上的带电作业，可使用一张配电带电作业工作票。

【单选题】配电带电作业工作票，对（　　）且依次进行的数条线路上的带电作业，可使用一张配电带电作业工作票。

A. 同一电压等级

B. 同一电压等级、同类型

C. 同一电压等级、相同安全措施

D. 同一电压等级、同类型、相同安全措施

答案：D

【判断题】对同一电压等级、同类型且依次进行的数条配电线路上的带电作业，可使用一张配电带电作业工作票。

答案：错误

3.3.9.4 对同一个工作日、相同安全措施的多条低压配电线路或设备上的工作，可使用一张低压工作票。

【判断题】对同一个工作日的多条低压配电线路或设备上的工作，可使用一张低压工作票。

答案：错误

3.3.9.5 工作负责人应提前知晓工作票内容，并做好工作准备。

【判断题】工作负责人应提前知晓工作票内容，并做好工作准备。答案：正确

3.3.9.6 工作许可时，工作票一份由工作负责人收执，其余留存于工作票签发人或工作许可人处。工作期间，工作票应始终保留在工作负责人手中。

【单选题】工作许可时，工作票一份由工作负责人收执，其余留存于（   ）处。

A. 工作票签发人或专责监护人

B. 工作票签发人或工作许可人

C. 工作许可人或用户负责人

D. 工作许可人或专责监护人

答案：B

【单选题】工作期间，工作票应始终保留在（   ）手中。

A. 工作票签发人　　　　　　B. 工作负责人

C. 工作许可人　　　　　　　D. 专责监护人

答案：B

3.3.9.7 一个工作负责人不能同时执行多张工作票。若一张工作票下设多个小组工作，工作负责人应指定每个小组的小组负责人（监护人），并使用工作任务单（见附录G）。

【单选题】若一张工作票下设多个小组工作，工作负责人应指定每个小组的小组负责人（监护人），并使用（   ）。

A. 工作任务单　　　　　　　B. 安全措施票

C. 派工单　　　　　　　　　D. 工作任务卡

答案：A

【单选题】若一张工作票下设多个小组工作，（　　）应指定每个小组的小组负责人（监护人），并使用工作任务单（见附录G）。

A. 工作票签发人　　　　　　B. 工作许可人

C. 工作负责人　　　　　　　D. 专责监护人

答案：C

【判断题】一个工作负责人不能同时执行多张工作票。

答案：正确

3.3.9.8　工作任务单应一式两份，由工作票签发人或工作负责人签发。工作任务单由工作负责人许可，一份由工作负责人留存，一份交小组负责人。工作结束后，由小组负责人向工作负责人办理工作结束手续。

【单选题】工作任务单一式两份，由工作票签发人或工作负责人签发，一份由（　　）留存，一份交小组负责人。

A. 工作许可人　　　　　　　B. 工作负责人

C. 工作票签发人　　　　　　D. 专责监护人

答案：B

【单选题】工作任务单由（　　）许可，一份由工作负责人留存，一份交小组负责人。

A. 值班调控人员　　　　　　B. 工作许可人

C. 工作负责人　　　　　　　D. 运维负责人

答案：C

【单选题】工作结束后，由小组负责人向（　　）办理工作结束手续。

A. 工作票签发人　　　　　　B. 工作负责人

C. 工作许可人　　　　　　　D. 值班调控人员

答案：B

3.3.9.9　工作票上所列的安全措施应包括所有工作任务单上所列的安全措施。几个小组同时工作，使用工作任务单时，工作票的工作班成员栏内，可只填写各工作任务单的小组负责人姓名。工作任务单上应填写本工作小组人员姓名。

【判断题】工作票上所列的安全措施应包括所有工作任务单上所列的安全措施。

答案：正确

【判断题】使用工作任务单时，工作票的工作班成员栏内，应填写各工作任务单的工作班成员姓名。

答案：错误

3.3.9.10 一回线路检修（施工），邻近或交叉的其他电力线路需配合停电和接地时，应在工作票中列入相应的安全措施。若配合停电线路属于其他单位，应由检修（施工）单位事先书面申请，经配合停电线路的运维管理单位同意并实施停电、验电、接地。

【单选题】一回线路检修（施工），邻近或交叉的其他电力线路需配合停电和接地时，应在工作票中列入（   ）。

A. 安全措施   B. 相应的安全措施
C. 技术措施   D. 相应的技术措施

答案：B

【单选题】一回线路检修（施工），若配合停电线路属于其他单位，应由（   ）单位事先书面申请，经配合停电线路的运维管理单位同意并实施停电、验电、接地。

A. 运维   B. 施工   C. 检修   D. 检修（施工）

答案：D

【判断题】一回线路检修（施工），若配合停电线路属于其他单位，应由检修（施工）单位事先申请，经配合停电线路的运维管理单位同意并实施停电。

答案：错误

3.3.9.11 需要进入变电站或发电厂升压站进行架空线路、电缆等工作时，应增填工作票份数（按许可单位确定数量），分别经变电站或发电厂等设备运维管理单位的工作许可人许可，并留存。

检修（施工）单位的工作票签发人和工作负责人名单应事先

送设备运维管理单位备案。

【单选题】需要进入变电站或发电厂升压站进行架空线路、电缆等工作时，应增填工作票份数（按许可单位确定数量），分别经（   ）许可，并留存。

A. 变电站或发电厂等设备运维管理单位的工作许可人

B. 调度

C. 设备运维管理单位负责人

D. 变电站或发电厂负责人

答案：A

【单选题】检修（施工）单位的工作票签发人和工作负责人名单应事先送（   ）备案。

A. 调度控制中心   B. 安全监督部门

C. 设备运维管理单位 D. 工区（车间）

答案：C

【多选题】检修（施工）单位的（   ）名单应事先送设备运维管理单位备案。

A. 工作票签发人   B. 工作许可人

C. 工作负责人   D. 专责监护人

答案：AC

3.3.9.12 在原工作票的停电及安全措施范围内增加工作任务时，应由工作负责人征得工作票签发人和工作许可人同意，并在工作票上增填工作项目。若需变更或增设安全措施，应填用新的工作票，并重新履行签发、许可手续。

【单选题】若需变更或增设（   ），应填用新的工作票，并重新履行签发、许可手续。

A. 安全条件   B. 施工范围

C. 工作任务   D. 安全措施

答案：D

【多选题】在原工作票的停电及安全措施范围内增加工作任

务时，应由工作负责人征得（　　　）同意，并在工作票上增填工作项目。

　　A. 工作票签发人　　　　　B. 工作许可人

　　C. 专职监护人　　　　　　D. 工作班成员

　　答案：AB

　　【判断题】若需变更或增设安全措施，应填用新的工作票，并重新履行签发、许可手续。

　　答案：正确

3.3.9.13　变更工作负责人或增加工作任务，若工作票签发人和工作许可人无法当面办理，应通过电话联系，并在工作票登记簿和工作票上注明。

　　【判断题】变更工作负责人或增加工作任务，若工作票签发人和工作负责人无法当面办理，应通过电话联系，并在工作票登记簿和工作票上注明。

　　答案：错误

3.3.9.14　在配电线路、设备上进行非电气专业工作（如电力通信工作等），应执行工作票制度，并履行工作许可、监护等相关安全组织措施。

　　【多选题】在配电线路、设备上进行非电气专业工作（如电力通信工作等），应执行工作票制度，并履行（　　　）等相关安全组织措施。

　　A. 停电　　　B. 工作许可

　　C. 验电　　　D. 接地　　　E. 监护

　　答案：BE

3.3.9.15　配电第一种工作票，应在工作前一天送达设备运维管理单位（包括信息系统送达）；通过传真送达的工作票，其工作许可手续应待正式工作票送到后履行。

　　需要运维人员操作设备的配电带电作业工作票和需要办理工作许可手续的配电第二种工作票，应在工作前一天送达设备运维管理单位。

【单选题】配电第一种工作票，应在工作（　　）送达设备运维管理单位（包括信息系统送达）。

A. 前两天　　B. 前一天　　C. 当天　　　D. 前一周

答案：B

【单选题】需要（　　）操作设备的配电带电作业工作票和需要办理工作许可手续的配电第二种工作票，应在工作前一天送达设备运维管理单位。

A. 带电作业人员　　　　　　B. 运维人员

C. 监控人员　　　　　　　　D. 值班调控人员

答案：B

【判断题】配电第一种工作票，应在工作当天送达设备运维管理单位（包括信息系统送达）。

答案：错误

【判断题】通过传真送达的工作票，其工作许可手续应待正式工作票送到后履行。

答案：正确

3.3.9.16　已终结的工作票（含工作任务单）、故障紧急抢修单、现场勘察记录至少应保存1年。

【判断题】已终结的工作票（含工作任务单）、故障紧急抢修单、现场勘察记录至少应保存2年。

答案：错误

3.3.10　工作票的有效期与延期。

3.3.10.1　配电工作票的有效期，以批准的检修时间为限。批准的检修时间为调度控制中心或设备运维管理单位批准的开工至完工时间。

【多选题】配电工作票批准的检修时间为（　　）批准的开工至完工时间。

A. 运维检修部　　　　　　B. 调度控制中心

C. 设备运行管理单位　　　D. 设备运维管理单位

答案：BD

【判断题】配电工作票的有效期，以批准的停电时间为限。

答案：错误

3.3.10.2 办理工作票延期手续，应在工作票的有效期内，由工作负责人向工作许可人提出申请，得到同意后给予办理；不需要办理许可手续的配电第二种工作票，由工作负责人向工作票签发人提出申请，得到同意后给予办理。

【单选题】不需要办理许可手续的配电第二种工作票，由工作负责人向（　　）提出申请，得到同意后给予办理。

A. 值班调控人员　　　　　B. 工作票签发人

C. 工作许可人　　　　　　D. 运维人员

答案：B

【判断题】办理配电第一种工作票延期手续，应在工作票的有效期内，由工作签发人向工作许可人提出申请，得到同意后给予办理。

答案：错误

【问答题】如何办理工作票延期手续？

答案：办理工作票延期手续，应在工作票的有效期内，由工作负责人向工作许可人提出申请，得到同意后给予办理；不需要办理许可手续的配电第二种工作票，由工作负责人向工作票签发人提出申请，得到同意后给予办理。

3.3.10.3 工作票只能延期一次。延期手续应记录在工作票上。

【单选题】工作票只能延期（　　）。

A. 一次　　　B. 两次　　　C. 三次　　　D. 四次

答案：A

【判断题】工作票只能延期一次。延期手续应记录在记录簿上。

答案：错误

3.3.10.4 带电作业工作票不得延期。

【单选题】（ 　　）不得延期。

A. 配电第一种工作票　　　　B. 配电第二种工作票

C. 带电作业工作票　　　　　D. 低压工作票

答案：C

3.3.11　工作票所列人员的基本条件。

3.3.11.1　工作票签发人应由熟悉人员技术水平、熟悉配电网络接线方式、熟悉设备情况、熟悉本规程，并具有相关工作经验的生产领导、技术人员或经本单位批准的人员担任，名单应公布。

【多选题】工作票签发人应由熟悉人员技术水平、熟悉（ 　　），熟悉本规程，并具有相关工作经验的生产领导、技术人员或经本单位批准的人员担任，名单应公布。

A. 配电网络接线方式　　　　B. 工作范围内的设备情况

C. 设备情况　　　　　　　　D. 现场运行规程

答案：AC

【判断题】工作票签发人应由熟悉人员文化水平、熟悉配电网络接线方式、熟悉设备情况、熟悉本规程的人员担任。

答案：错误

3.3.11.2　工作负责人应由有本专业工作经验、熟悉工作范围内的设备情况、熟悉本规程，并经工区（车间，下同）批准的人员担任，名单应公布。

【单选题】工作负责人应由有本专业工作经验、熟悉工作范围内的设备情况、熟悉本规程，并经（ 　　）批准的人员担任。

A. 工区（车间）　　　　　　B. 单位

C. 上级单位　　　　　　　　D. 公司

答案：A

【多选题】工作负责人应具备的基本条件的有：（ 　　）

A. 有本专业工作经验

B. 熟悉工作范围内的设备情况

C. 熟悉本规程

D. 经工区（车间）批准的人员担任，名单应公布

答案：ABCD

3.3.11.3 工作许可人应由熟悉配电网络接线方式、熟悉工作范围内的设备情况、熟悉本规程，并经工区批准的人员担任，名单应公布。

工作许可人包括值班调控人员、运维人员、相关变（配）电站［含用户变（配）电站］和发电厂运维人员、配合停电线路许可人及现场许可人等。

【多选题】工作许可人应具备的基本条件有（　　　）。

A. 熟悉配电网络接线方式

B. 熟悉工作范围内的设备情况

C. 熟悉本规程

D. 经工区批准的人员担任，名单应公布

答案：ABCD

【判断题】配电工作许可人不包括用户变（配）电站运维人员。

答案：错误

3.3.11.4 专责监护人应由具有相关专业工作经验，熟悉工作范围内的设备情况和本规程的人员担任。

【单选题】专责监护人应由具有相关专业工作经验，熟悉工作范围内的（　　　）情况和本规程的人员担任。

A. 设备　　　　B. 现场　　　　C. 接线　　　　D. 运行

答案：A

3.3.12 工作票所列人员的安全责任。

3.3.12.1 工作票签发人：

（1）确认工作必要性和安全性。

（2）确认工作票上所列安全措施正确完备。

（3）确认所派工作负责人和工作班成员适当、充足。

【多选题】下列选项中属于工作票签发人的安全责任有（　　　）。

A. 确认工作必要性和安全性

B. 确认工作票上所列安全措施正确完备

C. 确认所派工作负责人和工作班成员适当、充足

D. 正确组织工作

答案：ABC

3.3.12.2　工作负责人：

（1）正确组织工作。

（2）检查工作票所列安全措施是否正确完备，是否符合现场实际条件，必要时予以补充完善。

（3）工作前，对工作班成员进行工作任务、安全措施交底和危险点告知，并确认每个工作班成员都已签名。

（4）组织执行工作票所列由其负责的安全措施。

（5）监督工作班成员遵守本规程、正确使用劳动防护用品和安全工器具以及执行现场安全措施。

（6）关注工作班成员身体状况和精神状态是否出现异常迹象，人员变动是否合适。

【多选题】工作前，工作负责人对工作班成员进行（　　　），并确认每个工作班成员都已签名。

A. 工作任务交底　　　　　　B. 安全措施交底

C. 危险点告知　　　　　　　D. 现场电气设备接线情况告知

答案：ABC

【多选题】下列选项中属于工作负责人的安全责任有（　　　）。

A. 确认工作票上所列安全措施正确完备

B. 检查工作票所列安全措施是否正确完备，是否符合现场实际条件，必要时予以补充完善

C. 监督工作班成员遵守本规程、正确使用劳动防护用品和安全工器具以及执行现场安全措施

D. 监督被监护人员遵守本规程和执行现场安全措施，及时纠正被监护人员的不安全行为

答案：BC

【问答题】工作负责人的安全责任有哪些？

答案：（1）正确组织工作。

（2）检查工作票所列安全措施是否正确完备，是否符合现场实际条件，必要时予以补充完善。

（3）工作前，对工作班成员进行工作任务、安全措施交底和危险点告知，并确认每个工作班成员都已签名。

（4）组织执行工作票所列由其负责的安全措施。

（5）监督工作班成员遵守本规程、正确使用劳动防护用品和安全工器具以及执行现场安全措施。

（6）关注工作班成员身体状况和精神状态是否出现异常迹象，人员变动是否合适。

3.3.12.3 工作许可人：

（1）审票时，确认工作票所列安全措施是否正确完备。对工作票所列内容发生疑问时，应向工作票签发人询问清楚，必要时予以补充。

（2）保证由其负责的停、送电和许可工作的命令正确。

（3）确认由其负责的安全措施正确实施。

【问答题】配电《安规》对工作许可人规定的安全责任有哪些？

答案：（1）审票时，确认工作票所列安全措施是否正确完备。对工作票所列内容发生疑问时，应向工作票签发人询问清楚，必要时予以补充。

（2）保证由其负责的停、送电和许可工作的命令正确。

（3）确认由其负责的安全措施正确实施。

3.3.12.4 专责监护人：

（1）明确被监护人员和监护范围。

（2）工作前，对被监护人员交待监护范围内的安全措施、告知危险点和安全注意事项。

（3）监督被监护人员遵守本规程和执行现场安全措施，及时纠正被监护人员的不安全行为。

【单选题】专责监护人的安全责任包含：明确被监护人员和（　　）。

    A. 许可工作的命令正确　　　B. 工作必要性

    C. 监护范围　　　　　　　　D. 安全注意事项

答案：C

【问答题】配电《安规》对专责监护人规定的安全责任有哪些？

答案：（1）明确被监护人员和监护范围。

（2）工作前，对被监护人员交待监护范围内的安全措施、告知危险点和安全注意事项。

（3）监督被监护人员遵守本规程和执行现场安全措施，及时纠正被监护人员的不安全行为。

3.3.12.5　工作班成员：

（1）熟悉工作内容、工作流程，掌握安全措施，明确工作中的危险点，并在工作票上履行交底签名确认手续。

（2）服从工作负责人（监护人）、专责监护人的指挥，严格遵守本规程和劳动纪律，在指定的作业范围内工作，对自己在工作中的行为负责，互相关心工作安全。

（3）正确使用施工机具、安全工器具和劳动防护用品。

【判断题】正确使用施工机具、安全工器具和劳动防护用品是工作班成员的安全责任。

答案：正确

【问答题】配电《安规》对工作班成员规定的安全责任有哪些？

答案：（1）熟悉工作内容、工作流程，掌握安全措施，明确工作中的危险点，并在工作票上履行交底签名确认手续。

（2）服从工作负责人（监护人）、专责监护人的指挥，严格遵守本规程和劳动纪律，在指定的作业范围内工作，对自己在工作中的行为负责，互相关心工作安全。

（3）正确使用施工机具、安全工器具和劳动防护用品。

3.4 工作许可制度。

3.4.1 各工作许可人应在完成工作票所列由其负责的停电和装设接地线等安全措施后，方可发出许可工作的命令。

【判断题】各工作许可人应在完成工作票所列由其负责的停电安全措施后，方可发出许可工作的命令。

答案：错误

3.4.2 值班调控人员、运维人员在向工作负责人发出许可工作的命令前，应记录工作班组名称、工作负责人姓名、工作地点和工作任务。

【多选题】值班调控人员、运维人员在向工作负责人发出许可工作的命令前，应记录（   ）。

A. 工作班组名称   B. 工作票签发人姓名

C. 工作负责人姓名   D. 工作地点

E. 工作任务

答案：ACDE

3.4.3 现场办理工作许可手续前，工作许可人应与工作负责人核对线路名称、设备双重名称，检查核对现场安全措施，指明保留带电部位。

【判断题】现场办理工作许可手续前，工作许可人应与工作票签发人核对线路名称、设备双重名称，检查核对现场安全措施，指明保留带电部位。

答案：错误

3.4.4 填用配电第一种工作票的工作，应得到全部工作许可人的许可，并由工作负责人确认工作票所列当前工作所需的安全措施全部完成后，方可下令开始工作。所有许可手续（工作许可人姓名、许可方式、许可时间等）均应记录在工作票上。

【单选题】填用配电第一种工作票的工作，应得到（   ）的许可，并由工作负责人确认工作票所列当前工作所需的安全措施全部完成后，方可下令开始工作。

A. 现场工作许可人   B. 配电运维人员

C. 全部工作许可人   D. 值班调控人员

答案：C

【单选题】所有许可手续（工作许可人姓名、许可方式、许可时间等）均应记录在（   ）上。

A. 工作票   B. 值班日志

C. 作业指导书   D. 记录簿

答案：A

3.4.5 带电作业需要停用重合闸（含已处于停用状态的重合闸），应向调控人员申请并履行工作许可手续。

【单选题】带电作业需要停用重合闸（含已处于停用状态的重合闸），应向（   ）申请并履行工作许可手续。

A. 运行人员   B. 设备运维管理单位

C. 调控人员   D. 运行值班负责人

答案：C

【判断题】带电作业需要停用重合闸（含已处于停用状态的重合闸），应向运维人员申请并履行工作许可手续。

答案：错误

3.4.6 填用配电第二种工作票的配电线路工作，可不履行工作许可手续。

【单选题】填用配电（   ）工作票的配电线路工作，可不履行工作许可手续。

A. 第一种   B. 第二种   C. 低压   D. 带电作业

答案：B

【单选题】填用配电第二种工作票的配电线路工作，可不履行（   ）手续。

A. 工作票   B. 工作许可

C. 工作监护 　　　　　　　　D. 工作交接

答案：B

3.4.7 用户侧设备检修，需电网侧设备配合停电时，应得到用户停送电联系人的书面申请，经批准后方可停电。在电网侧设备停电措施实施后，由电网侧设备的运维管理单位或调度控制中心负责向用户停送电联系人许可。恢复送电，应接到用户停送电联系人的工作结束报告，做好录音并记录后方可进行。

【单选题】用户侧设备检修，在电网侧设备停电措施实施后，由电网侧设备的运维管理单位或调度控制中心负责向（　　　）许可。

A. 用户负责人 　　　　　　B. 用户技术部门人员

C. 用户电工 　　　　　　　D. 用户停送电联系人

答案：D

【判断题】用户侧设备检修，需电网侧设备配合停电时，应得到用户停送电联系人的电话申请，经批准后方可停电。

答案：错误

【判断题】用户侧设备检修，电网侧设备配合停电。恢复送电，应接到用户停送电联系人的工作结束报告，做好录音并记录后方可进行。

答案：正确

3.4.8 在用户设备上工作，许可工作前，工作负责人应检查确认用户设备的运行状态、安全措施符合作业的安全要求。作业前检查多电源和有自备电源的用户已采取机械或电气联锁等防反送电的强制性技术措施。

【多选题】在用户设备上工作，许可工作前，工作负责人应检查确认用户设备的（　　　）符合作业的安全要求。

A. 运行状态 　　　　　　　B. 安全措施

C. 操作方法 　　　　　　　D. 使用说明

答案：AB

【多选题】作业前检查多电源和有自备电源的用户已采取
（　　　）等防反送电的强制性技术措施。

A. 机械联锁　　　　　　　　B. 防误闭锁

C. 带电闭锁　　　　　　　　D. 电气联锁

答案：AD

【判断题】在用户设备上工作，许可工作前，工作负责人应检
查确认用户设备的操作方法、安全措施符合作业的安全要求。

答案：错误

3.4.9　许可开始工作的命令，应通知工作负责人。其方法可采用：

（1）当面许可。工作许可人和工作负责人应在工作票上记录
许可时间，并分别签名。

（2）电话许可。工作许可人和工作负责人应分别记录许可时
间和双方姓名，复诵核对无误。

【多选题】许可开始工作的命令，应通知工作负责人。其方法
可采用：（　　　）

A. 口头通知　　　　　　　　B. 当面许可

C. 电话许可　　　　　　　　D. 短信传达

E. 派人送达

答案：BC

【判断题】采用当面许可的方法许可开始工作的命令时，工
作许可人和工作负责人应分别记录许可时间和双方姓名，复诵核
对无误。

答案：错误

3.4.10　工作负责人、工作许可人任何一方不得擅自变更运行接线
方式和安全措施，工作中若有特殊情况需要变更时，应先取得
对方同意，并及时恢复，变更情况应及时记录在值班日志或工作
票上。

【多选题】工作负责人、工作许可人任何一方不得擅自变更
运行接线方式和安全措施，工作中若有特殊情况需要变更时，应

（   ）。

    A. 先取得对方同意

    B. 先取得工作票签发人同意

    C. 先取得当值调度同意

    D. 变更情况应及时记录在值班日志或工作票上

    E. 及时恢复

    答案：ADE

【判断题】工作中若有特殊情况，工作许可人可变更运行接线方式和安全措施，变更后需告知工作负责人。

    答案：错误

3.4.11 禁止约时停、送电。

【单选题】禁止（   ）停、送电。

    A. 同时   B. 约时   C. 分时   D. 按时

    答案：B

3.5 工作监护制度。

3.5.1 工作许可后，工作负责人、专责监护人应向工作班成员交待工作内容、人员分工、带电部位和现场安全措施，告知危险点，并履行签名确认手续，方可下达开始工作的命令。

【多选题】工作许可后，工作负责人、专责监护人应向工作班成员交待（   ），告知危险点，并履行签名确认手续，方可下达开始工作的命令。

    A. 现场电气设备接线情况   B. 工作内容

    C. 人员分工   D. 带电部位

    E. 现场安全措施

    答案：BCDE

【判断题】工作许可后，工作负责人、专责监护人应向工作班成员交待工作内容、人员分工、带电部位和现场安全措施，告知危险点，并履行签名确认手续，方可下达开始工作的命令。

    答案：正确

3.5.2 工作负责人、专责监护人应始终在工作现场。

【判断题】工作负责人、工作许可人、专责监护人应始终在工作现场。

答案：错误

3.5.3 检修人员（包括工作负责人）不宜单独进入或滞留在高压配电室、开闭所等带电设备区域内。若工作需要（如测量极性、回路导通试验、光纤回路检查等），而且现场设备条件允许时，可以准许工作班中有实际经验的一个人或几人同时在他室进行工作，但工作负责人应在事前将有关安全注意事项予以详尽的告知。

【多选题】检修人员（包括工作负责人）不宜（　　　）高压配电室、开闭所等带电设备区域内。

A. 单独进入　　　　　　　B. 单独滞留在

C. 两人进入　　　　　　　D. 两人滞留在

答案：AB

【判断题】检修人员（包括工作负责人）不宜单独进入高压配电室、开闭所等带电设备区域内。

答案：正确

【判断题】若工作需要（如测量极性、回路导通试验、光纤回路检查等），可以准许工作班中的一个人或几人同时在他室进行工作，但工作负责人应在事前将有关安全注意事项予以详尽的告知。

答案：错误

3.5.4 工作票签发人、工作负责人对有触电危险、检修（施工）复杂容易发生事故的工作，应增设专责监护人，并确定其监护的人员和工作范围。

专责监护人不得兼做其他工作。专责监护人临时离开时，应通知被监护人员停止工作或离开工作现场，待专责监护人回来后方可恢复工作。专责监护人需长时间离开工作现场时，应由工作负责人变更专责监护人，履行变更手续，并告知全体被监护人员。

【单选题】专责监护人临时离开时，应通知（　　　）停止工作或离开工作现场，待专责监护人回来后方可恢复工作。

A. 工作班成员　　　　　　B. 作业人员

C. 小组负责人　　　　　　D. 被监护人员

答案：D

【单选题】专责监护人需长时间离开工作现场时，应由（　　）变更专责监护人，履行变更手续，并告知全体被监护人员。

A. 工作票签发人　　　　　B. 工作许可人

C. 工作负责人　　　　　　D. 工作票签发人与工作负责人

答案：C

【多选题】工作票签发人、工作负责人对有（　　）的工作，应增设专责监护人，并确定其监护的人员和范围。

A. 触电危险

B. 很大量

C. 检修（施工）施工复杂容易发生事故

D. 涂写杆号

答案：AC

【多选题】（　　）对有触电危险、检修（施工）复杂容易发生事故的工作，应增设专责监护人，并确定其监护的人员和范围。

A. 工作票签发人　　　　　B. 工作许可人

C. 工区领导　　　　　　　D. 工作负责人

答案：AD

【判断题】工作许可人、工作负责人对有触电危险、检修（施工）复杂容易发生事故的工作，应增设专责监护人，并确定其监护的人员和工作范围。

答案：错误

3.5.5　工作期间，工作负责人若需暂时离开工作现场，应指定能胜任的人员临时代替，离开前应将工作现场交待清楚，并告知全体工作班成员。原工作负责人返回工作现场时，也应履行同样的交接手续。

工作负责人若需长时间离开工作现场时，应由原工作票签发人变更工作负责人，履行变更手续，并告知全体工作班成员及所有工作许可人。原、现工作负责人应履行必要的交接手续，并在工作票上签名确认。

【单选题】工作期间，工作负责人若需暂时离开工作现场，应指定能胜任的人员临时代替，离开前应将工作现场交待清楚，并告知（　　　）。

A. 被监护人员　　　　　　B. 部分工作班成员

C. 全体工作班成员　　　　D. 专责监护人

答案：C

【判断题】工作期间，专责监护人若需暂时离开工作现场，应指定能胜任的人员临时代替，离开前应将工作现场交待清楚，并告知全体工作班成员。

答案：错误

【问答题】工作期间，工作负责人若离开工作现场时需如何办理手续？

答案：工作期间，工作负责人若需暂时离开工作现场，应指定能胜任的人员临时代替，离开前应将工作现场交待清楚，并告知全体工作班成员。原工作负责人返回工作现场时，也应履行同样的交接手续。工作负责人若需长时间离开工作现场时，应由原工作票签发人变更工作负责人，履行变更手续，并告知全体工作班成员及所有工作许可人。原、现工作负责人应履行必要的交接手续，并在工作票上签名确认。

3.5.6 工作班成员的变更，应经工作负责人的同意，并在工作票上做好变更记录；中途新加入的工作班成员，应由工作负责人、专责监护人对其进行安全交底并履行确认手续。

【单选题】工作班成员的变更，应经（　　　）的同意，并在工作票上做好变更记录。

A. 工作票签发人　　　　　B. 工作许可人

C. 工作负责人　　　　　D. 工作票签发人与工作许可人

答案：C

【多选题】中途新加入的工作班成员，应由（　　）对其进行安全交底并履行确认手续。

A. 工作票签发人　　　　B. 工作许可人

C. 工作负责人　　　　　D. 专责监护人

答案：CD

3.6 工作间断、转移制度。

3.6.1 工作中，遇雷、雨、大风等情况威胁到工作人员的安全时，工作负责人或专责监护人应下令停止工作。

【多选题】工作中，遇（　　）等情况威胁到工作人员的安全时，工作负责人或专责监护人应下令停止工作。

A. 雷　　　　　B. 雾霾　　　　C. 雨

D. 闷热天气　　E. 大风

答案：ACE

3.6.2 工作间断，若工作班离开工作地点，应采取措施或派人看守，不让人、畜接近挖好的基坑或未竖立稳固的杆塔以及负载的起重和牵引机械装置等。

【多选题】工作间断，若工作班离开工作地点，应采取措施或派人看守，不让人、畜接近（　　）等。

A. 挖好的基坑

B. 未竖立稳固的杆塔

C. 负载的起重和牵引机械装置

D. 工作地点

答案：ABC

3.6.3 工作间断，工作班离开工作地点，若接地线保留不变，恢复工作前应检查确认接地线完好；若接地线拆除，恢复工作前应重新验电、装设接地线。

【判断题】工作间断，工作班离开工作地点，若接地线拆除，恢复工作前应重新验电、装设接地线。

答案：正确

3.6.4 使用同一张工作票依次在不同工作地点转移工作时，若工作票所列的安全措施在开工前一次做完，则在工作地点转移时不需要再分别办理许可手续；若工作票所列的停电、接地等安全措施随工作地点转移，则每次转移均应分别履行工作许可、终结手续，依次记录在工作票上，并填写使用的接地线编号、装拆时间、位置等随工作地点转移情况。工作负责人在转移工作地点时，应逐一向工作人员交待带电范围、安全措施和注意事项。

【单选题】使用同一张工作票依次在（　　）转移工作时，若工作票所列的安全措施在开工前一次做完，则在工作地点转移时不需要再分别办理许可手续。

A. 同一工作地点　　　　　　B. 不同工作地点
C. 邻近工作地点　　　　　　D. 同一平面
答案：B

【多选题】若工作票所列的停电、接地等安全措施随工作地点转移，则每次转移均应分别履行工作许可、终结手续，依次记录在工作票上，并填写使用的接地线（　　）等随工作地点转移情况。

A. 型号　　B. 编号　　C. 装拆时间　D. 位置
答案：BCD

【多选题】工作负责人在转移工作地点时，应逐一向工作人员交待（　　）。

A. 带电范围　　　　　　　　B. 安全措施
C. 停电时间　　　　　　　　D. 注意事项
答案：ABD

3.6.5 一条配电线路分区段工作，若填用一张工作票，经工作票签发人同意，在线路检修状态下，由工作班自行装设的接地线等安全措施可分段执行。工作票上应填写使用的接地线编号、装拆时间、位置等随工作区段转移情况。

【单选题】一条配电线路分区段工作，若填用一张工作票，经（　　　）同意，在线路检修状态下，由工作班自行装设的接地线等安全措施可分段执行。

A. 工作票签发人　　　　　B. 工作许可人

C. 工作负责人　　　　　　D. 专责监护人

答案：A

【多选题】工作票上应填写使用的接地线（　　　）等随工作区段转移情况。

A. 编号　　　　　　　　　B. 装拆时间

C. 位置　　　　　　　　　D. 装设人

答案：ABC

3.7　工作终结制度。

3.7.1　工作完工后，应清扫整理现场，工作负责人（包括小组负责人）应检查工作地段的状况，确认工作的配电设备和配电线路的杆塔、导线、绝缘子及其他辅助设备上没有遗留个人保安线和其他工具、材料，查明全部工作人员确由线路、设备上撤离后，再命令拆除由工作班自行装设的接地线等安全措施。接地线拆除后，任何人不得再登杆工作或在设备上工作。

【单选题】接地线拆除后，（　　　）不得再登杆工作或在设备上工作。

A. 工作班成员　　　　　　B. 任何人

C. 运行人员　　　　　　　D. 作业人员

答案：B

【单选题】工作完工后，应清扫整理现场，工作负责人（包括小组负责人）应检查（　　　）的状况。

A. 停电地段　　　　　　　B. 检修地段

C. 工作地段　　　　　　　D. 杆塔上

答案：C

【问答题】工作负责人办理工作终结手续前，应开展哪些工作？

答案：工作完工后，应清扫整理现场，工作负责人（包括小组负责人）应检查工作地段的状况，确认工作的配电设备和配电线路的杆塔、导线、绝缘子及其他辅助设备上没有遗留个人保安线和其他工具、材料，查明全部工作人员确由线路、设备上撤离后，再命令拆除由工作班自行装设的接地线等安全措施。接地线拆除后，任何人不得再登杆工作或在设备上工作。

3.7.2 工作地段所有由工作班自行装设的接地线拆除后，工作负责人应及时向相关工作许可人（含配合停电线路、设备许可人）报告工作终结。

【单选题】工作地段所有由工作班自行装设的接地线拆除后，工作负责人应及时向相关工作许可人（含配合停电线路、设备许可人）报告（　　）。

A. 工作票结束　　　　　　B. 工作票终结

C. 工作结束　　　　　　　D. 工作终结

答案：D

3.7.3 多小组工作，工作负责人应在得到所有小组负责人工作结束的汇报后，方可与工作许可人办理工作终结手续。

【判断题】多小组工作，工作负责人应在得到主要小组负责人工作结束的汇报后，方可与工作许可人办理工作终结手续。

答案：错误

3.7.4 工作终结报告应按以下方式进行。

3.7.4.1 当面报告。

3.7.4.2 电话报告，并经复诵无误。

【多选题】工作终结报告应按（　　）方式进行。

A. 当面报告　　　　　　　B. 派人送达

C. 短信报告　　　　　　　D. 电话报告，并经复诵无误

答案：AD

3.7.5 工作终结报告应简明扼要，主要包括下列内容：工作负责人姓名，某线路（设备）上某处（说明起止杆塔号、分支线名称、位置称号、设备双重名称等）工作已经完工，所修项目、试验结果、设备改动情况和存在问题等，工作班自行装设的接地线已全部拆除，线路（设备）上已无本班组工作人员和遗留物。

【单选题】（　　）报告应简明扼要，并包括下列内容：工作负责人姓名，某线路（设备）上某处（说明起止杆塔号、分支线名称、位置称号、设备双重名称等）工作已经完工等。

A. 工作间断　　　　　　B. 工作许可

C. 工作终结　　　　　　D. 工作转移

答案：C

【问答题】配电《安规》规定的工作终结报告主要包括哪些内容？

答案：工作终结报告应简明扼要，主要包括下列内容：工作负责人姓名，某线路（设备）上某处（说明起止杆塔号、分支线名称、位置称号、设备双重名称等）工作已经完工，所修项目、试验结果、设备改动情况和存在问题等，工作班自行装设的接地线已全部拆除，线路（设备）上已无本班组工作人员和遗留物。

3.7.6 工作许可人在接到所有工作负责人（包括用户）的终结报告，并确认所有工作已完毕，所有工作人员已撤离，所有接地线已拆除，与记录簿核对无误并做好记录后，方可下令拆除各侧安全措施。

【单选题】工作许可人在接到所有工作负责人（包括用户）的终结报告，并确认所有工作已完毕，所有（　　）已撤离，所有接地线已拆除，与记录簿核对无误并做好记录后，方可下令拆除各侧安全措施。

A. 工作许可人　　　　　B. 小组负责人

C. 工作票签发人　　　　D. 工作人员

答案：D

【单选题】（　　）在接到所有工作负责人（包括用户）的终结报告，并确认所有工作已完毕，所有工作人员已撤离，所有接地线已拆除，与记录簿核对无误并做好记录后，方可下令拆除各侧安全措施。

A. 值班调控人员　　　　　B. 工作票签发人

C. 工作许可人　　　　　　D. 变电站值班负责人

答案：C

【判断题】工作许可人在接到所有工作签发人（包括用户）的终结报告，并确认所有工作已完毕，所有工作人员已撤离，所有接地线已拆除，与记录簿核对无误并做好记录后，方可下令拆除各侧安全措施。

答案：错误

4 保证安全的技术措施

4.1 在配电线路和设备上工作，保证安全的技术措施。

4.1.1 停电。

4.1.2 验电。

4.1.3 接地。

4.1.4 悬挂标示牌和装设遮栏（围栏）。

【多选题】在配电线路和设备上工作保证安全的技术措施有（   ）。

A. 停电   B. 验电

C. 接地   D. 悬挂标示牌和装设遮栏（围栏）

答案：ABCD

4.2 停电。

4.2.1 工作地点，应停电的线路和设备。

4.2.1.1 检修的配电线路或设备。

4.2.1.2 与检修配电线路、设备相邻且安全距离小于表 4–1 规定的运行线路或设备。

4.2.1.3 大于表 4–1、小于表 3–1 规定且无绝缘遮蔽或安全遮栏措施的设备。

表 4–1   作业人员工作中正常活动范围与高压线路、设备带电部分的安全距离

电压等级（kV）	安全距离（m）
10 及以下	0.35
20、35	0.60

4.2.1.4 危及线路停电作业安全，且不能采取相应安全措施的交

叉跨越、平行或同杆（塔）架设线路。

4.2.1.5 有可能从低压侧向高压侧反送电的设备。

4.2.1.6 工作地段内有可能反送电的各分支线（包括用户，下同）。

4.2.1.7 其他需要停电的线路或设备。

【单选题】作业人员工作中正常活动范围与10kV高压线路、设备带电部分的安全距离为（　　　）m。

　　A. 0.35　　　　B. 0.6　　　　C. 0.7　　　　D. 1.0

　　答案：A

【多选题】工作地点，应停电的线路和设备中，包含危及线路停电作业安全，且不能采取相应安全措施的（　　　）线路。

　　A. 交叉跨越　　　　　　　B. 平行

　　C. 同杆（塔）架设　　　　D. 通信

　　答案：ABC

【判断题】工作地点，应停电的线路和设备包括工作地段内有可能反送电的各分支线（包括用户）。

　　答案：正确

【问答题】工作地点应停电的线路和设备有哪些？

　　答案：（1）检修的配电线路或设备。

　　（2）与检修配电线路、设备相邻且安全距离小于表4-1规定的运行线路或设备。

　　（3）大于表4-1、小于表3-1规定且无绝缘遮蔽或安全遮栏措施的设备。

　　（4）危及线路停电作业安全，且不能采取相应安全措施的交叉跨越、平行或同杆（塔）架设线路。

　　（5）有可能从低压侧向高压侧反送电的设备。

　　（6）工作地段内有可能反送电的各分支线（包括用户，下同）。

　　（7）其他需要停电的线路或设备。

4.2.2 检修线路、设备停电，应把工作地段内所有可能来电的电源全部断开（任何运行中星形接线设备的中性点，应视为带电设备）。

【单选题】任何运行中星形接线设备的中性点，应视为（　　）设备。

A. 大电流接地　　　　　　B. 不带电

C. 带电　　　　　　　　　D. 停电

答案：C

【判断题】检修线路、设备停电，应把工作地段内所有可能来电的电源全部断开（任何运行中星形接线设备的中性点，应视为带电设备）。

答案：正确

4.2.3 停电时应拉开隔离开关（刀闸），手车开关应拉至试验或检修位置，使停电的线路和设备各端都有明显断开点。若无法观察到停电线路、设备的断开点，应有能够反映线路、设备运行状态的电气和机械等指示。无明显断开点也无电气、机械等指示时，应断开上一级电源。

【单选题】停电线路、设备的断开点，应有能够反映线路、设备运行状态的电气和机械等指示。无明显断开点也无电气、机械等指示时，应断开（　　）。

A. 同级电源　　　　　　　B. 下一级电源

C. 上一级电源　　　　　　D. 断路器（开关）

答案：C

【多选题】停电时应拉开隔离开关（刀闸），手车开关应拉至（　　）位置，使停电的线路和设备各端都有明显断开点。

A. 试验　　　B. 合闸　　　C. 工作　　　D. 检修

答案：AD

【判断题】停电时应拉开隔离开关（刀闸），手车开关应拉至试验或检修位置，使停电的线路和设备两端都有明显断开点。

答案：错误

【判断题】若无法观察到停电线路、设备的断开点，应有能够反映线路、设备运行状态的电气和机械等指示。

答案：正确

4.2.4 对难以做到与电源完全断开的检修线路、设备，可拆除其与电源之间的电气连接。禁止在只经断路器（开关）断开电源且未接地的高压配电线路或设备上工作。

【单选题】对难以做到与电源完全断开的检修线路、设备，可（　　）其与电源之间的电气连接。

A. 断开　　　　B. 拆除　　　　C. 隔离　　　　D. 拉开

答案：B

【判断题】禁止在只经断路器（开关）断开电源且未接地的高压配电线路或设备上工作。

答案：正确

4.2.5 两台及以上配电变压器低压侧共用一个接地引下线时，其中任一台配电变压器停电检修，其他配电变压器也应停电。

【判断题】两台及以上配电变压器低压侧共用一个接地引下线时，其中任一台配电变压器停电检修，其他配电变压器也应停电。

答案：正确

4.2.6 高压开关柜前后间隔没有可靠隔离的，工作时应同时停电。电气设备直接连接在母线或引线上的，设备检修时应将母线或引线停电。

【单选题】高压开关柜前后间隔没有可靠隔离的，工作时应（　　）。

A. 同时停电　　　　　　　B. 加强监护
C. 装设围栏　　　　　　　D. 加装绝缘挡板

答案：A

【单选题】电气设备（　　）在母线或引线上的，设备检修时应将母线或引线停电。

A. 直接连接　　　　　　　B. 间接连接

C. 可靠连接   D. 连接

答案：A

4.2.7 低压配电线路和设备检修,应断开所有可能来电的电源(包括解开电源侧和用户侧连接线),对工作中有可能触碰的相邻带电线路、设备应采取停电或绝缘遮蔽措施。

【多选题】低压配电线路和设备检修,应断开所有可能来电的电源(包括解开电源侧和用户侧连接线),对工作中有可能触碰的相邻带电线路、设备应采取（　　）措施。

A. 停电   B. 绝缘遮蔽

C. 可靠   D. 装设遮栏

答案：AB

4.2.8 可直接在地面操作的断路器（开关）、隔离开关（刀闸）的操作机构应加锁；不能直接在地面操作的断路器（开关）、隔离开关（刀闸）应悬挂"禁止合闸,有人工作!"或"禁止合闸,线路有人工作!"的标示牌。熔断器的熔管应摘下或悬挂"禁止合闸,有人工作!"或"禁止合闸,线路有人工作!"的标示牌。

【多选题】配电线路、设备停电时,熔断器的熔管应摘下或悬挂（　　）的标示牌。

A. "止步,高压危险!"

B. "禁止分闸!"

C. "禁止合闸,有人工作!"

D. "禁止合闸,线路有人工作!"

答案：CD

【判断题】配电线路、设备停电时,对可直接在地面操作的断路器（开关）、隔离开关（刀闸）的操作机构应悬挂"禁止合闸,有人工作!"或"禁止合闸,线路有人工作!"的标示牌。

答案：错误

【判断题】配电线路、设备停电时,对不能直接在地面操作的断路器（开关）、隔离开关（刀闸）的操作机构应加锁。

答案：错误

4.3 验电。

4.3.1 配电线路和设备停电检修，接地前，应使用相应电压等级的接触式验电器或测电笔，在装设接地线或合接地刀闸处逐相分别验电。

室外低压配电线路和设备验电宜使用声光验电器。

架空配电线路和高压配电设备验电应有人监护。

【单选题】室外低压配电线路和设备验电宜使用（　　　）。

A. 绝缘棒　　　　　　　　B. 工频高压发生器

C. 声光验电器　　　　　　D. 高压验电棒

答案：C

【判断题】配电线路和设备停电检修，接地前，应使用接触式验电器或测电笔。

答案：错误

【判断题】架空配电线路和高压配电设备验电应有人监护。

答案：正确

4.3.2 高压验电前，验电器应先在有电设备上试验，确证验电器良好；无法在有电设备上试验时，可用工频高压发生器等确证验电器良好。

低压验电前应先在低压有电部位上试验，以验证验电器或测电笔良好。

【单选题】高压验电前，验电器应先在有电设备上试验，确证验电器良好；无法在有电设备上试验时，可用（　　　）高压发生器等确证验电器良好。

A. 工频　　　B. 高频　　　C. 中频　　　D. 低频

答案：A

【判断题】低压验电前应先在有电部位上试验，以验证验电器或测电笔良好。

答案：错误

4.3.3 高压验电时，人体与被验电的线路、设备的带电部位应保持表 3-1 规定的安全距离。使用伸缩式验电器，绝缘棒应拉到位，验电时手应握在手柄处，不得超过护环，宜戴绝缘手套。

雨雪天气室外设备宜采用间接验电；若直接验电，应使用雨雪型验电器，并戴绝缘手套。

【单选题】雨雪天气室外设备宜采用间接验电；若直接验电，应使用（　　），并戴绝缘手套。

A. 声光验电器　　　　　　　B. 高压声光验电器

C. 雨雪型验电器　　　　　　D. 高压验电棒

答案：C

【判断题】高压验电时，使用伸缩式验电器，绝缘棒应拉到位，验电时手应握在绝缘棒处，不得超过护环，宜戴绝缘手套。

答案：错误

4.3.4 对同杆（塔）架设的多层电力线路验电，应先验低压、后验高压，先验下层、后验上层，先验近侧、后验远侧。

禁止作业人员越过未经验电、接地的线路对上层、远侧线路验电。

【单选题】禁止作业人员越过（　　）的线路对上层、远侧线路进行验电。

A. 未停电　　　　　　　　　B. 未经验电、接地

C. 未经验电　　　　　　　　D. 未停电、接地

答案：B

【多选题】对同杆(塔)架设的多层电力线路验电，应（　　）。禁止作业人员越过未经验电、接地的线路对上层、远侧线路验电。

A. 先验低压、后验高压　　　B. 先验下层、后验上层

C. 先验近侧、后验远侧　　　D. 先验内侧、后验外侧

答案：ABC

4.3.5 检修联络用的断路器（开关）、隔离开关（刀闸），应在两侧验电。

【判断题】检修联络用的断路器（开关）、隔离开关（刀闸），应在其来电侧验电。

答案：错误

4.3.6 低压配电线路和设备停电后，检修或装表接电前，应在与停电检修部位或表计电气上直接相连的可验电部位验电。

【判断题】低压配电线路和设备停电后，检修或装表接电前，应在与停电检修部位或表计电气上直接相连的可验电部位验电。

答案：正确

4.3.7 对无法直接验电的设备，应间接验电，即通过设备的机械位置指示、电气指示、带电显示装置、仪表及各种遥测、遥信等信号的变化来判断。判断时，至少应有两个非同样原理或非同源的指示发生对应变化，且所有这些确定的指示均已同时发生对应变化，方可确认该设备已无电压。检查中若发现其他任何信号有异常，均应停止操作，查明原因。若遥控操作，可采用上述的间接方法或其他可靠的方法间接验电。

【多选题】对无法直接验电的设备，应间接验电，即通过设备的（　　　）及各种遥测、遥信等信号的变化来判断。

A. 机械位置指示　　　　　　B. 电气指示

C. 带电显示装置　　　　　　D. 仪表

答案：ABCD

【问答题】如何通过间接验电判断设备已无电压？

答案：对无法直接验电的设备，应间接验电，即通过设备的机械位置指示、电气指示、带电显示装置、仪表及各种遥测、遥信等信号的变化来判断。判断时，至少应有两个非同样原理或非同源的指示发生对应变化，且所有这些确定的指示均已同时发生对应变化，方可确认该设备已无电压。

4.4 接地。

4.4.1 当验明确已无电压后，应立即将检修的高压配电线路和设备接地并三相短路，工作地段各端和工作地段内有可能反送电的各分支线都应接地。

【单选题】当验明确已无电压后，应立即将检修的高压配电线路和设备接地并（　　）短路。

A. 单相　　　　B. 两项　　　C. 三相　　　　D. 中相和边相

答案：C

4.4.2 当验明检修的低压配电线路、设备确已无电压后，至少应采取以下措施之一防止反送电：

（1）所有相线和零线接地并短路。

（2）绝缘遮蔽。

（3）在断开点加锁、悬挂"禁止合闸，有人工作！"或"禁止合闸，线路有人工作！"的标示牌。

【多选题】当验明检修的低压配电线路、设备确已无电压后，至少应采取以下措施之一防止反送电：（　　）。

A. 装设遮栏

B. 所有相线和零线接地并短路

C. 绝缘遮蔽

D. 在断开点加锁、悬挂"禁止合闸，有人工作！"或"禁止合闸，线路有人工作！"的标示牌

答案：BCD

【问答题】当验明检修的低压配电线路、设备确已无电压后，至少应采取哪些措施防止反送电？

答案：（1）所有相线和零线接地并短路。

（2）绝缘遮蔽。

（3）在断开点加锁、悬挂"禁止合闸，有人工作！"或"禁止合闸，线路有人工作！"的标示牌。

4.4.3 配合停电的交叉跨越或邻近线路，在线路的交叉跨越或邻近处附近应装设一组接地线。配合停电的同杆（塔）架设线路装设接地线要求与检修线路相同。

【单选题】配合停电的交叉跨越或邻近线路，在线路的交叉跨越或邻近线路处附近应装设（　　）接地线。

A. 一组　　　　B. 两组　　　　C. 相应　　　　D. 三组

答案：A

【判断题】配合停电的同杆（塔）架设线路装设接地线要求与检修线路相同。

答案：正确

4.4.4 装设、拆除接地线应有人监护。

【判断题】装设、拆除接地线可不在监护下进行。

答案：错误

4.4.5 在配电线路和设备上，接地线的装设部位应是与检修线路和设备电气直接相连去除油漆或绝缘层的导电部分。绝缘导线的接地线应装设在验电接地环上。

【多选题】在配电线路和设备上，接地线的装设部位应是与检修线路和设备电气直接相连去除（　　）的导电部分。

A. 油漆　　　　　　　　B. 黑色标记

C. 屏蔽层　　　　　　　D. 绝缘层

答案：AD

【判断题】绝缘导线的接地线应装设在验电接地环上。

答案：正确

4.4.6 禁止作业人员擅自变更工作票中指定的接地线位置，若需变更，应由工作负责人征得工作票签发人或工作许可人同意，并在工作票上注明变更情况。

【单选题】禁止作业人员擅自变更工作票中指定的接地线位置，若需变更，应由工作负责人征得（　　）同意，并在工作票上注明变更情况。

A. 工作许可人或专责监护

B. 工作许可人或小组负责人

C. 工作票签发人或专责监护人

D. 工作票签发人或工作许可人

答案：D

【判断题】禁止作业人员擅自变更工作票中指定的接地线位置。

答案：正确

4.4.7 作业人员应在接地线的保护范围内作业。禁止在无接地线或接地线装设不齐全的情况下进行高压检修作业。

【判断题】作业人员应在接地线的保护范围内作业。禁止在无接地线或接地线装设不齐全的情况下进行高压检修作业。

答案：正确

4.4.8 装设、拆除接地线均应使用绝缘棒并戴绝缘手套，人体不得碰触接地线或未接地的导线。

【单选题】装设、拆除接地线均应使用（　　）并戴绝缘手套，人体不得碰触接地线或未接地的导线。

A. 绝缘绳   B. 专用的绝缘绳

C. 绝缘棒   D. 软铜线

答案：C

4.4.9 装设的接地线应接触良好、连接可靠。装设接地线应先接接地端、后接导体端，拆除接地线的顺序与此相反。

【单选题】装设接地线应（　　），拆除接地线的顺序与此相反。

A. 先接母线侧、后接负荷侧

B. 先接负荷侧、后接母线侧

C. 先接导体端、后接接地端

D. 先接接地端、后接导体端

答案：D

【判断题】装设的接地线应接触良好、连接可靠。

答案：正确

4.4.10 装设同杆（塔）架设的多层电力线路接地线，应先装设低压、后装设高压，先装设下层、后装设上层，先装设近侧、后装设远侧。拆除接地线的顺序与此相反。

【多选题】装设同杆（塔）塔架设的多层电力线路接地线，应（　　）。

A. 先装设低压、后装设高压

B. 先装设下层、后装设上层

C. 先装设近侧、后装设远侧

D. 先装设高压、后装设低压

答案：ABC

4.4.11 电缆及电容器接地前应逐相充分放电，星形接线电容器的中性点应接地，串联电容器及与整组电容器脱离的电容器应逐个充分放电。

电缆作业现场应确认检修电缆至少有一处已可靠接地。

【单选题】电缆及电容器接地前应（　　）充分放电。

A. 逐相　　　　　　　　　B. 保证一点

C. 单相　　　　　　　　　D. 三相

答案：A

【单选题】电缆及电容器接地前应逐相充分放电，星形接线电容器的中性点应接地，串联电容器及与整组电容器脱离的电容器应（　　）。

A. 全部接地　　　　　　　B. 单只接地

C. 充分放电　　　　　　　D. 逐个充分放电

答案：D

【单选题】（　　）及电容器接地前应逐相充分放电。

A. 避雷器　　B. 电缆　　C. 导线　　　D. 变压器

答案：B

【判断题】电缆作业现场应确认检修电缆至少有两处已可靠接地。

答案：错误

4.4.12 对于因交叉跨越、平行或邻近带电线路、设备导致检修线路或设备可能产生感应电压时,应加装接地线或使用个人保安线,加装（拆除）的接地线应记录在工作票上，个人保安线由作业人员自行装拆。

【多选题】对于因（　　　　）带电线路、设备导致检修线路或设备可能产生感应电压时，应加装接地线或使用个人保安线。

A. 交叉跨越　　　　　　　　B. 接触

C. 平行　　　　　　　　　　D. 邻近

答案：ACD

4.4.13　成套接地线应用有透明护套的多股软铜线和专用线夹组成，接地线截面积应满足装设地点短路电流的要求，且高压接地线的截面积不得小于 $25mm^2$，低压接地线和个人保安线的截面积不得小于 $16mm^2$。

接地线应使用专用的线夹固定在导体上，禁止用缠绕的方法接地或短路。

禁止使用其他导线接地或短路。

【单选题】接地线截面积应满足装设地点短路电流的要求，且高压接地线的截面积不得小于（　　　　）mm^2。

A. 16　　　　B. 25　　　　C. 36　　　　D. 20

答案：B

【单选题】成套接地线应由有（　　　　）的多股软铜线和专用线夹组成。

A. 绝缘护套　　　　　　　　B. 护套

C. 透明护套　　　　　　　　D. 橡胶护套

答案：C

【单选题】低压接地线和个人保安线的截面积不得小于（　　　　）mm^2。

A. 12　　　　B. 16　　　　C. 25　　　　D. 36

答案：B

【单选题】接地线应使用专用的线夹固定在导体上，禁止用

（　　）的方法接地或短路。

A. 压接　　　B. 缠绕　　　C. 固定　　　D. 熔接

答案：B

【判断题】成套接地线应用有透明护套的多股软铜线和专用线夹组成，且高压接地线的截面积不得小于16mm²。

答案：错误

4.4.14　杆塔无接地引下线时，可采用截面积大于 190mm²（如 ϕ16mm 圆钢）、地下深度大于 0.6m 的临时接地体。土壤电阻率较高地区，如岩石、瓦砾、沙土等，应采取增加接地体根数、长度、截面积或埋地深度等措施改善接地电阻。

【单选题】杆塔无接地引下线时，可采用截面积大于190mm²（如 ϕ16mm 圆钢）、地下深度大于（　　　）m 的临时接地体。

A. 0.6　　　B. 0.8　　　C. 1.0　　　D. 1.2

答案：A

【多选题】土壤电阻率较高地区，如岩石、瓦砾、沙土等，应采取增加接地体（　　）等措施改善接地电阻。

A. 根数　　　B. 长度　　　C. 截面积　　　D. 埋地深度

答案：ABCD

【判断题】土壤电阻率较高地区，如岩石、瓦砾、沙土等，应采取增加接地体根数、长度、截面积或埋地深度等措施改善接地电阻。

答案：正确

【判断题】杆塔无接地引下线时，可采用截面积大于190mm²（如 ϕ16mm 圆钢）、地下深度大于0.6m 的临时接地体。

答案：正确

4.4.15　接地线、接地刀闸与检修设备之间不得连有断路器（开关）或熔断器。若由于设备原因，接地刀闸与检修设备之间连有断路器（开关），在接地刀闸和断路器（开关）合上后，应有保证断路器（开关）不会分闸的措施。

【单选题】若由于设备原因，接地刀闸与检修设备之间连有断路器（开关），在接地刀闸和断路器（开关）合上后，应有保证断路器（开关）不会（　　）的措施。

A. 拉闸　　　　B. 损坏　　　　C. 分闸　　　　D. 合闸

答案：C

4.4.16 低压配电设备、低压电缆、集束导线停电检修，无法装设接地线时，应采取绝缘遮蔽或其他可靠隔离措施。

【单选题】低压配电设备、低压电缆、集束导线停电检修，无法装设接地线时，应采取（　　）或其他可靠隔离措施。

A. 停电　　　　　　　　B. 悬挂标示牌

C. 绝缘遮蔽　　　　　　D. 装设遮栏

答案：C

【多选题】（　　）停电检修，无法装设接地线时，应采取绝缘遮蔽或其他可靠隔离措施。

A. 低压配电设备　　　　B. 配电变压器

C. 高压架空线路　　　　D. 低压电缆

E. 集束导线

答案：ADE

4.5 悬挂标示牌和装设遮栏（围栏）。

4.5.1 在工作地点或检修的配电设备上悬挂"在此工作！"标示牌；配电设备的盘柜检修、查线、试验、定值修改输入等工作，宜在盘柜的前后分别悬挂"在此工作！"标示牌。

【单选题】在工作地点或检修的配电设备上悬挂（　　）标示牌。

A. "在此工作！"

B. "从此进出！"

C. "禁止合闸，有人工作！"

D. "止步，高压危险！"

答案：A

【判断题】配电设备的盘柜检修、查线、试验、定值修改输入等工作，宜在盘柜的前后分别悬挂"在此工作！"标示牌。

答案：正确

4.5.2 工作地点有可能误登、误碰的邻近带电设备，应根据设备运行环境悬挂"止步，高压危险！"等标示牌。

【单选题】工作地点有可能误登、误碰的邻近带电设备，应根据设备运行环境悬挂（　　　）等标示牌。

A."从此上下！" 　　　　B."在此工作！"

C."止步，高压危险！" 　　D."当心触电！"

答案：C

4.5.3 在一经合闸即可送电到工作地点的断路器（开关）和隔离开关（刀闸）的操作处或机构箱门锁把手上及熔断器操作处，应悬挂"禁止合闸，有人工作！"标示牌；若线路上有人工作，应悬挂"禁止合闸，线路有人工作！"标示牌。

【多选题】在一经合闸即可送电到工作地点的（　　　），应悬挂"禁止合闸，有人工作！"标示牌；若线路上有人工作，应悬挂"禁止合闸，线路有人工作！"标示牌。

A. 断路器（开关）和隔离开关（刀闸）的操作处

B. 断路器（开关）和隔离开关（刀闸）的机构箱门锁把手上

C. 熔断器操作处

D. 接地刀闸操作处

答案：ABC

【判断题】若线路上有人工作，应悬挂"禁止合闸，有人工作！"标示牌。

答案：错误

4.5.4 由于设备原因，接地刀闸与检修设备之间连有断路器（开关），在接地刀闸和断路器（开关）合上后，在断路器（开关）的操作处或机构箱门锁把手上，应悬挂"禁止分闸！"标示牌。

【单选题】由于设备原因，（　　　）与检修设备之间连有断路器（开关），在接地刀闸和断路器（开关）合上后，在断路器（开关）的操作处或机构箱门锁把手上，应悬挂"禁止分闸!"标示牌。

A. 停电设备　　　　　　B. 隔离开关
C. 接地刀闸　　　　　　D. 非检修设备
答案：C

4.5.5 高压开关柜内手车开关拉出后，隔离带电部位的挡板应可靠封闭，禁止开启，并设置"止步，高压危险!"标示牌。

【单选题】高压开关柜内手车开关拉出后，隔离带电部位的挡板应可靠封闭，禁止开启，并设置（　　）标示牌。

A. "止步，高压危险!"
B. "禁止合闸，有人工作!"
C. "禁止合闸，线路有人工作!"
D. "当心触电!"
答案：A

4.5.6 配电线路、设备检修，在显示屏上断路器（开关）或隔离开关（刀闸）的操作处应设置"禁止合闸，有人工作!"或"禁止合闸，线路有人工作!"以及"禁止分闸!"标记。

【单选题】配电线路、设备检修，在显示屏上断路器（开关）或（　　）的操作处应设置"禁止合闸，有人工作!"或"禁止合闸，线路有人工作!"以及"禁止分闸!"标记。

A. 接地刀闸　　　　　　B. 母线刀闸
C. 隔离开关（刀闸）　　D. 保护压板
答案：C

【多选题】配电线路、设备检修，在显示屏上断路器（开关）或隔离开关（刀闸）的操作处应设置（　　）标记。

A. "止步，高压危险!"
B. "禁止合闸，有人工作!"
C. "禁止合闸，线路有人工作!"
D. "禁止分闸!"

答案：BCD

4.5.7 高低压配电室、开闭所部分停电检修或新设备安装，应在工作地点两旁及对面运行设备间隔的遮栏（围栏）上和禁止通行的过道遮栏（围栏）上悬挂"止步，高压危险！"标示牌。

【判断题】高低压配电室、开闭所部分停电检修或新设备安装，应在工作地点两旁及对面运行设备间隔的遮栏（围栏）上和禁止通行的过道遮栏（围栏）上悬挂"在此工作！"标示牌。

答案：错误

4.5.8 配电站户外高压设备部分停电检修或新设备安装，应在工作地点四周装设围栏，其出入口要围至邻近道路旁边，并设有"从此进出！"标示牌。工作地点四周围栏上悬挂适当数量的"止步，高压危险！"标示牌，标示牌应朝向围栏里面。

若配电站户外高压设备大部分停电，只有个别地点保留有带电设备而其他设备无触及带电导体的可能时，可以在带电设备四周装设全封闭围栏，围栏上悬挂适当数量的"止步，高压危险！"标示牌，标示牌应朝向围栏外面。

【单选题】配电站户外高压设备部分停电检修或新设备安装，工作地点四周围栏上悬挂适当数量的"止步，高压危险！"标示牌，标示牌应朝向（　　）。

A. 围栏里面　　　　　　B. 围栏外面
C. 围栏入口　　　　　　D. 围栏出口

答案：A

【多选题】配电站户外高压设备部分停电检修或新设备安装，应在工作地点（　　）。

A. 四周装设围栏

B. 出入口要围至邻近道路旁边

C. 出入口设有"从此进出！"标示牌

D. 出入口设有"止步，高压危险！"标示牌

答案：ABC

【多选题】若配电站户外高压设备大部分停电，只有个别地点保留有带电设备而其他设备无触及带电导体的可能时，(   )。

A. 可以在带电设备四周装设全封闭围栏

B. 围栏上悬挂适当数量的"止步，高压危险！"标示牌

C. 标示牌应朝向围栏外面

D. 标示牌应朝向围栏里面

答案：ABC

4.5.9 部分停电的工作，小于表3-1规定距离以内的未停电设备，应装设临时遮栏，临时遮栏与带电部分的距离不得小于表4-1的规定数值。临时遮栏可用坚韧绝缘材料制成，装设应牢固，并悬挂"止步，高压危险！"标示牌。

【单选题】部分停电的工作，小于表3-1规定距离以内的未停电设备，应装设临时遮栏，临时遮栏可用坚韧绝缘材料制成，装设应牢固，并悬挂(   )标示牌。

A."止步，高压危险！"   B."禁止合闸，有人工作！"

C."在此工作！"   D."禁止合闸，线路有人工作！"

答案：A

【判断题】部分停电的工作，小于表3-1规定距离以内的未停电设备，应装设固定遮栏。

答案：错误

【判断题】部分停电的工作，小于表3-1规定距离以内的未停电设备，应装设临时遮栏，临时遮栏可用坚韧铁质材料制成，装设应牢固，并悬挂"止步，高压危险！"标示牌。

答案：错误

4.5.10 低压开关（熔丝）拉开（取下）后，应在适当位置悬挂"禁止合闸，有人工作！"或"禁止合闸，线路有人工作！"标示牌。

【判断题】低压开关（熔丝）拉开（取下）后，应在适当位置悬挂"禁止合闸，有人工作！"或"禁止合闸，线路有人工作！"标示牌。

答案：正确

4.5.11 配电设备检修，若无法保证安全距离或因工作特殊需要，可用与带电部分直接接触的绝缘隔板代替临时遮栏，其绝缘性能应符合附录 H 的要求。

【单选题】配电设备检修，若无法保证安全距离或因工作特殊需要，可用与带电部分直接接触的（　　）隔板代替临时遮栏。

A. 绝缘　　　B. 木质　　　　C. 塑料　　　　D. 泡沫

答案：A

4.5.12 城区、人口密集区或交通道口和通行道路上施工时，工作场所周围应装设遮栏（围栏），并在相应部位装设警告标示牌。必要时，派人看管。

【单选题】城区、（　　）或交通道口和通行道路上施工时，工作场所周围应装设遮栏(围栏)，并在相应部位装设警告标示牌。

A. 山区　　　　　　　　　　B. 郊区

C. 有人区域　　　　　　　　D. 人口密集区

答案：D

4.5.13 禁止越过遮栏（围栏）。

【判断题】禁止越过遮栏（围栏）。

答案：正确

4.5.14 禁止作业人员擅自移动或拆除遮栏（围栏）、标示牌。因工作原因需短时移动或拆除遮栏（围栏）、标示牌时，应有人监护。完毕后应立即恢复。

【判断题】因工作原因需短时移动或拆除遮栏（围栏）、标示牌时，应有人监护。完毕后应立即恢复。

答案：正确

4.5.15 标示牌的悬挂要求和式样见附录 I。

5 运行和维护

5.1 巡视。

5.1.1 巡视工作应由有配电工作经验的人员担任。单独巡视人员应经工区批准并公布。

【单选题】巡视工作应由（　　）的人员担任。

A. 工作负责人　　　　　B. 工作许可人

C. 值班负责人　　　　　D. 有配电工作经验

答案：D

【单选题】单独巡视人员应经（　　）批准并公布。

A. 公司领导　　　　　　B. 工区领导

C. 工区　　　　　　　　D. 安质部门

答案：C

5.1.2 电缆隧道、偏僻山区、夜间、事故或恶劣天气等巡视工作，应至少两人一组进行。

【单选题】电缆隧道、偏僻山区、夜间、事故或恶劣天气等巡视工作，应至少（　　）人一组进行。

A. 两　　　　B. 三　　　　C. 四　　　　D. 五

答案：A

【多选题】（　　）等巡视工作，应至少两人一组进行。

A. 夜间　　　　　　　　B. 电缆隧道

C. 事故或恶劣天气　　　D. 偏僻山区

答案：ABCD

5.1.3 正常巡视应穿绝缘鞋；雨雪、大风天气或事故巡线，巡视人员应穿绝缘靴或绝缘鞋；汛期、暑天、雪天等恶劣天气和山区巡线应配备必要的防护用具、自救器具和药品；夜间巡线应携带足够的照明用具。

【单选题】正常巡视应（　　　）。

A. 穿绝缘鞋　　　　　　　B. 穿纯棉工作服

C. 穿绝缘靴　　　　　　　D. 戴手套

答案：A

【单选题】夜间巡线应携带足够的（　　　）。

A. 干粮　　　　　　　　　B. 照明用具

C. 急救药品　　　　　　　D. 防身器材

答案：B

【多选题】雨雪、大风天气或事故巡线，巡视人员应穿（　　　）。

A. 屏蔽服　　　B. 绝缘鞋　　　C. 防滑鞋　　　D. 绝缘靴

答案：BD

【多选题】汛期、暑天、雪天等恶劣天气和山区巡线应配备必要的（　　　）。

A. 防护用具　　　　　　　B. 自救器具

C. 药品　　　　　　　　　D. 雨具

答案：ABC

5.1.4 大风天气巡线，应沿线路上风侧前进，以免触及断落的导线。事故巡视应始终认为线路带电，保持安全距离。夜间巡线，应沿线路外侧进行。

巡线时禁止泅渡。

【判断题】大风天气巡线，应沿线路上风侧前进，以免触及断落的导线。事故巡视应始终认为线路带电，保持安全距离。夜间巡线，应沿线路内侧进行。

答案：错误

【判断题】大风天气巡线，应沿线路下风侧前进，以免触及断落的导线。

答案：错误

【问答题】大风天气巡线应注意什么？

答案：大风天气巡线，应沿线路上风侧前进，以免触及断落的导线。事故巡视应始终认为线路带电，保持安全距离。夜间巡线，应沿线路外侧进行。巡线时禁止涉渡。

5.1.5 雷电时，禁止巡线。

【判断题】 雷电时，禁止无照明灯具巡线。

答案：错误

5.1.6 地震、台风、洪水、泥石流等灾害发生时，禁止巡视灾害现场。

【判断题】 地震、台风、洪水、泥石流等灾害发生时，巡视人员与派出部门之间应保持通信联络。

答案：错误

5.1.7 灾害发生后，若需对配电线路、设备进行巡视，应得到设备运维管理单位批准。巡视人员与派出部门之间应保持通信联络。

【单选题】 灾害发生后，若需对配电线路、设备进行巡视，应得到（　　）批准。

A. 设备运维管理单位领导　　B. 设备运维管理单位

C. 工作负责人　　　　　　　D. 值班调控人员

答案：B

5.1.8 单人巡视，禁止攀登杆塔和配电变压器台架。

【判断题】 单人巡视，禁止攀登杆塔和配电变压器台架。

答案：正确

5.1.9 巡视中发现高压配电线路、设备接地或高压导线、电缆断落地面、悬挂空中时，室内人员应距离故障点 4m 以外，室外人员应距离故障点 8m 以外；并迅速报告调度控制中心和上级，等候处理。处理前应防止人员接近接地或断线地点，以免跨步电压伤人。进入上述范围人员应穿绝缘靴，接触设备的金属外壳时，应戴绝缘手套。

【单选题】 巡视中发现高压配电线路、设备接地或高压导线、电缆断落地面、悬挂空中时，室内人员应距离故障点（　　）m 以外。

A. 2   B. 4   C. 6   D. 8

答案：B

【问答题】配电巡视人员在巡视中发现高压配电线路、设备接地或高压导线、电缆断落地面、悬挂空中时，应如何处置？

答案：巡视中发现高压配电线路、设备接地或高压导线、电缆断落地面、悬挂空中时，室内人员应距离故障点 4m 以外，室外人员应距离故障点 8m 以外；并迅速报告调度控制中心和上级，等候处理。处理前应防止人员接近接地或断线地点，以免跨步电压伤人。进入上述范围人员应穿绝缘靴，接触设备的金属外壳时，应戴绝缘手套。

5.1.10　无论高压配电线路、设备是否带电，巡视人员不得单独移开或越过遮栏；若有必要移开遮栏时，应有人监护，并保持表 3-1 规定的安全距离。

【判断题】无论高压配电线路、设备是否带电，巡视人员不得单独移开或越过遮栏；若有必要移开遮栏时，应工区领导同意，并保持表 3-1 规定的安全距离。

答案：错误

5.1.11　进入 SF$_6$ 配电装置室，应先通风。

【单选题】进入 SF$_6$ 配电装置室，应（　　　）。

A. 先检测   B. 先通风
C. 使用防护用品   D. 先散热

答案：B

5.1.12　配电站、开闭所、箱式变电站等的钥匙至少应有三把，一把专供紧急时使用，一把专供运维人员使用。其他可以借给经批准的高压设备巡视人员和经批准的检修、施工队伍的工作负责人使用，但应登记签名，巡视或工作结束后立即交还。

【单选题】配电站、开闭所、箱式变电站等的钥匙至少应有（　　　）。

A. 一把   B. 二把   C. 三把   D. 四把

答案：C

【判断题】配电站、开闭所、箱式变电站等的钥匙至少应有三把，一把专供紧急时使用，一把专供运维人员使用。其他可以借给经批准的高压设备巡视人员和经批准的检修、施工队伍的工作负责人使用，但应登记签名，巡视或工作结束后立即交还。

答案：正确

5.1.13 低压配电网巡视时，禁止触碰裸露带电部位。

【判断题】低压配电网巡视时，禁止触碰裸露带电部位。

答案：正确

5.2 倒闸操作。

5.2.1 倒闸操作的方式。

5.2.1.1 倒闸操作有就地操作和遥控操作两种方式。

【判断题】倒闸操作有就地操作和遥控操作两种方式。

答案：正确

5.2.1.2 具备条件的设备可进行程序操作，即应用可编程计算机进行的自动化操作。

【单选题】具备条件的设备可进行（   ）操作，即应用可编程计算机进行的自动化操作。

A. 就地　　　　B. 远方　　　　C. 程序　　　　D. 遥控

答案：C

5.2.2 倒闸操作的分类。

5.2.2.1 监护操作，是指有人监护的操作。

（1）监护操作时，其中对设备较为熟悉者做监护。

【判断题】监护操作时，应由对设备较为熟悉者作操作人。

答案：错误

（2）经设备运维管理单位考试合格、批准的检修人员，可进行配电线路、设备的监护操作，监护人应是同一单位的检修人员或设备运维人员。检修人员操作的设备和接、发令程序及安全要求应由设备运维管理单位批准，并报相关部门和调度控制中心备案。

【单选题】经设备运维管理单位考试合格、批准的检修人员，可进行配电线路、设备的监护操作，监护人应是同一单位的（　　）。

A. 检修人员　　　　　　　　B. 设备运维人员

C. 工作负责人　　　　　　　D. 检修人员或设备运维人员

答案：D

【单选题】检修人员操作的设备和接、发令程序及安全要求应由（　　）批准，并报相关部门和调度控制中心备案。

A. 公司　　　　　　　　　　B. 工区

C. 设备运维管理单位　　　　D. 安质部

答案：C

【判断题】经设备运维管理单位考试合格、批准的检修人员，可进行配电线路、设备的单人操作。

答案：错误

5.2.2.2 单人操作，是指一人进行的操作。

（1）若有可靠的确认和自动记录手段，可实行远方单人操作。

（2）实行单人操作的设备、项目及操作人员需经设备运维管理单位或调度控制中心批准。

【单选题】若有可靠的确认和自动记录手段，可实行（　　）操作。

A. 远方单人　　　　　　　　B. 远方

C. 单人　　　　　　　　　　D. 程序

答案：A

【判断题】单人操作，是指一人进行的操作。

答案：正确

【判断题】实行单人操作的设备、项目及操作人员需经设备运维管理单位及调度控制中心批准。

答案：错误

5.2.3 倒闸操作的基本条件。

5.2.3.1 有与现场高压配电线路、设备和实际相符的系统模拟图或接线图（包括各种电子接线图）。

【单选题】有与现场高压配电线路、设备和实际相符的系统模拟图或（　　　）（包括各种电子接线图）。

A. 模拟图　　　B. 电气图　　　C. 地理图　　　D. 接线图

答案：D

5.2.3.2 操作的设备应具有明显的标志，包括名称、编号、分合指示、旋转方向、切换位置的指示及设备相色等。

【多选题】倒闸操作的设备应具有明显的标志，包括（　　　）、切换位置的指示及设备相色等。

A. 名称　　　　　　　　　　B. 编号

C. 分合指示　　　　　　　　D. 旋转方向

答案：ABCD

5.2.3.3 配电设备的防误操作闭锁装置不得随意退出运行，停用防误操作闭锁装置应经工区批准；短时间退出防误操作闭锁装置，由配电运维班班长批准，并应按程序尽快投入。

【单选题】配电设备的防误操作闭锁装置不得随意退出运行，停用防误操作闭锁装置应经（　　　）批准。

A. 工区领导　　　　　　　　B. 工作负责人

C. 公司　　　　　　　　　　D. 工区

答案：D

【单选题】短时间退出防误操作闭锁装置，由（　　　）批准，并应按程序尽快投入。

A. 工区　　　　　　　　　　B. 配电运维班班长

C. 调度控制中心　　　　　　D. 防误专责人

答案：B

【判断题】短时间退出防误操作闭锁装置，由配电运维班班长批准，并应按程序尽快投入。

答案：正确

5.2.3.4 下列三种情况应加挂机械锁：

（1）配电站、开闭所未装防误操作闭锁装置或闭锁装置失灵的隔离开关（刀闸）手柄和网门。

（2）当电气设备处于冷备用、网门闭锁失去作用时的有电间隔网门。

（3）设备检修时，回路中所有来电侧隔离开关（刀闸）的操作手柄。

机械锁应一把钥匙开一把锁，钥匙应编号并妥善保管。

【单选题】设备检修时，回路中所有（　　　）隔离开关（刀闸）的操作手柄，应加挂机械锁。

A. 来电侧　　　B. 受电侧　　　C. 两侧　　　　D. 负荷侧

答案：A

【问答题】配电《安规》对加挂机械锁是如何规定的？

答案：（1）配电站、开闭所未装防误操作闭锁装置或闭锁装置失灵的隔离开关（刀闸）手柄和网门。

（2）当电气设备处于冷备用、网门闭锁失去作用时的有电间隔网门。

（3）设备检修时，回路中所有来电侧隔离开关（刀闸）的操作手柄。

机械锁应一把钥匙开一把锁，钥匙应编号并妥善保管。

5.2.4 操作发令。

5.2.4.1 倒闸操作应根据值班调控人员或运维人员的指令，受令人复诵无误后执行。发布指令应准确、清晰，使用规范的调度术语和线路名称、设备双重名称。

【多选题】倒闸操作应根据值班调控人员或运维人员的指令，受令人复诵无误后执行。发布指令应准确、清晰，使用规范的（　　　）。

A. 双重称号　　　　　　　　B. 调度术语

C. 线路名称　　　　　　　　D. 设备双重名称

答案：BCD

5.2.4.2 发令人和受令人应先互报单位和姓名，发布指令的全过程（包括对方复诵指令）和听取指令的报告时，高压指令应录音并做好记录，低压指令应做好记录。

【单选题】发布指令的全过程（包括对方复诵指令）和听取指令的报告时，（　　）应录音并做好记录。

A. 低压指令　　　　　　　B. 高压指令

C. 所有指令　　　　　　　D. 单项指令

答案：B

【判断题】倒闸操作时发令人和受令人应先互报单位和姓名，发布指令的全过程（包括对方复诵指令）和听取指令的报告时，高压指令和低压指令应录音并做好记录。

答案：错误

5.2.4.3 操作人员（包括监护人）应了解操作目的和操作顺序。对指令有疑问时应向发令人询问清楚无误后执行。

【单选题】倒闸操作时，对指令有疑问时应向（　　）询问清楚无误后执行。

A. 工作负责人　　　　　　B. 发令人

C. 工作许可人　　　　　　D. 现场监护人

答案：B

5.2.4.4 发令人、受令人、操作人员（包括监护人）均应具备相应资质。

【判断题】发令人、受令人、操作人员（包括监护人）均应具备相同资质。

答案：错误

5.2.5 操作票。

5.2.5.1 高压电气设备倒闸操作一般应由操作人员填用配电倒闸操作票（见附录J，以下简称操作票）。每份操作票只能用于一个操作任务。

【单选题】高压电气设备倒闸操作一般应由（　　　）填用配电倒闸操作票（见附录 J，以下简称操作票）。每份操作票只能用于一个操作任务。

A. 操作人员　　　　　　　B. 工作负责人

C. 工作监护人　　　　　　D. 检修人员

答案：A

【判断题】每份操作票只能用于一个操作任务。

答案：正确

5.2.5.2　下列工作可以不用操作票：

（1）事故紧急处理。

（2）拉合断路器（开关）的单一操作。

（3）程序操作。

（4）低压操作。

（5）工作班组的现场操作。

以上（1）～（4）项的工作，在完成操作后应做好记录，事故紧急处理应保存原始记录。工作班组的现场操作执行本规程 3.3.8.3 的要求。由工作班组现场操作的设备、项目及操作人员需经设备运维管理单位或调度控制中心批准。

【多选题】（　　　）可不使用操作票。

A. 事故紧急处理

B. 拉合断路器（开关）的单一操作

C. 计划工作

D. 线路停电

答案：AB

【判断题】工作班组的现场操作，在完成操作后应做好记录。

答案：错误

【问答题】可以不用操作票的操作项目有哪些？

答案：（1）事故紧急处理。

（2）拉合断路器（开关）的单一操作。

（3）程序操作。

（4）低压操作。

（5）工作班组的现场操作。

5.2.5.3 操作人和监护人应根据模拟图或接线图核对所填写的操作项目，分别手工或电子签名。

【多选题】（　　　）应根据模拟图或接线图核对所填写的操作项目，并分别手工或电子签名。

A. 操作人　　B. 发令人　　C. 监护人　　D. 负责人

答案：AC

5.2.5.4 操作票应用黑色或蓝色的钢（水）笔或圆珠笔逐项填写。操作票票面上的时间、地点、线路名称、杆号（位置）、设备双重名称、动词等关键字不得涂改。若有个别错、漏字需要修改、补充时，应使用规范的符号，字迹应清楚。用计算机生成或打印的操作票应使用统一的票面格式。

【多选题】操作票应用（　　　）钢（水）笔或圆珠笔逐项填写。

A. 黑色　　　B. 蓝色　　　C. 红色　　　　D. 绿色

答案：AB

【多选题】操作票票面上的（　　　）、动词等关键字不得涂改。

A. 时间、地点　　　　　　B. 线路名称

C. 杆号（位置）　　　　　D. 设备双重名称

答案：ABCD

【判断题】用计算机生成或打印的操作票应使用统一的票面格式。

答案：正确

【判断题】操作票应用黑色或蓝色的钢（水）笔或圆珠笔逐项填写。操作票票面上的时间、地点、线路名称、杆号（位置）、设备双重名称、动词等关键字，若有个别错、漏字需要修改、补充时，应使用规范的符号，字迹应清楚。

答案：错误

5.2.5.5 操作票应事先连续编号，计算机生成的操作票应在正式出票前连续编号，操作票按编号顺序使用。作废的操作票应注明"作废"字样，未执行的操作票应注明"未执行"字样，已操作的操作票应注明"已执行"字样。操作票至少应保存 1 年。

【单选题】已操作的操作票应注明（　　）字样。操作票至少应保存 1 年。

A. 已操作　　　B. 已执行　　　C. 合格　　　　D. 已终结

答案：B

【单选题】操作票至少应保存（　　）。

A. 6 个月　　　B. 1 年　　　　C. 2 年　　　　D. 1 个月

答案：B

【判断题】操作票应事先连续编号，计算机生成的操作票应在正式出票前连续编号，操作票按编号顺序使用。

答案：正确

【判断题】作废的操作票应注明"作废"字样，未执行的操作票应注明"未执行"字样。

答案：正确

5.2.5.6 下列项目应填入操作票内：

（1）拉合设备［断路器（开关）、隔离开关（刀闸）、跌落式熔断器、接地刀闸等］，验电，装拆接地线，合上（安装）或断开（拆除）控制回路或电压互感器回路的空气开关、熔断器，切换保护回路和自动化装置，切换断路器（开关）、隔离开关（刀闸）控制方式，检验是否确无电压等。

（2）拉合设备［断路器（开关）、隔离开关（刀闸）、接地刀闸等］后检查设备的位置。

（3）停、送电操作，在拉合隔离开关（刀闸）或拉出、推入手车开关前，检查断路器（开关）确在分闸位置。

（4）在倒负荷或解、并列操作前后，检查相关电源运行及负荷分配情况。

（5）设备检修后合闸送电前，检查确认送电范围内接地刀闸已拉开、接地线已拆除。

（6）根据设备指示情况确定的间接验电和间接方法判断设备位置的检查项。

【多选题】下列哪些项目应填入操作票内：（　　）。

A. 拉、合隔离开关（刀闸）

B. 拉合设备后检查设备的位置

C. 手车式开关拉出、推入前检查断路器（开关）确在分闸位置

D. 在进行倒负荷或解、并列操作前后，检查相关电源运行及负荷分配情况

答案：ABCD

5.2.6　倒闸操作的基本要求。

5.2.6.1　倒闸操作前，应核对线路名称、设备双重名称和状态。

【多选题】倒闸操作前，应核对（　　）。

A. 线路走向　　　　　　B. 设备双重名称

C. 设备状态　　　　　　D. 线路名称

答案：BCD

5.2.6.2　现场倒闸操作应执行唱票、复诵制度，宜全过程录音。操作人应按操作票填写的顺序逐项操作，每操作完一项，应检查确认后做一个"√"记号，全部操作完毕后进行复查。复查确认后，受令人应立即汇报发令人。

【判断题】现场倒闸操作应执行唱票、复诵制度，宜全过程录音。

答案：正确

【判断题】操作人应按操作票填写的顺序逐项操作，每操作完一项，应检查确认后做一个"√"记号，全部操作完毕后进行复查。复查确认后，受令人应立即汇报发令人。

答案：正确

5.2.6.3 监护操作时，操作人在操作过程中不得有任何未经监护人同意的操作行为。

【判断题】监护操作时，操作人在操作过程中不得有任何未经监护人同意的操作行为。

答案：正确

5.2.6.4 倒闸操作中发生疑问时，不得更改操作票，应立即停止操作，并向发令人报告。待发令人再行许可后，方可继续操作。任何人不得随意解除闭锁装置。

【单选题】倒闸操作中发生疑问时，（　　）。待发令人再行许可后，方可继续操作。

A. 不得更改操作票，应立即停止操作，并向发令人报告

B. 应立即停止操作，并向发令人报告

C. 不得更改操作票，应立即停止操作

D. 应立即向发令人报告

答案：A

【判断题】任何人不得解除闭锁装置。

答案：错误

5.2.6.5 在发生人身触电事故时，可以不经许可，立即断开有关设备的电源，但事后应立即报告值班调控人员（或运维人员）。

【多选题】在发生人身触电事故时，可以不经许可，立即断开有关设备的电源，但事后应立即报告（　　）。

A. 工作许可人 　　　　　　B. 工作负责人

C. 值班调控人员 　　　　　D. 运维人员

答案：CD

5.2.6.6 停电拉闸操作应按照断路器（开关）—负荷侧隔离开关（刀闸）—电源侧隔离开关（刀闸）的顺序依次进行，送电合闸操作应按与上述相反的顺序进行。禁止带负荷拉合隔离开关（刀闸）。

【单选题】停电拉闸操作应按照（　　）的顺序依次进行，送电合闸操作应按与上述相反的顺序进行。禁止带负荷拉合隔离开

关（刀闸）。

　　A. 断路器（开关）—负荷侧隔离开关（刀闸）—电源侧隔离开关（刀闸）

　　B. 负荷侧隔离开关（刀闸）—断路器（开关）—电源侧隔离开关（刀闸）

　　C. 断路器（开关）—电源侧隔离开关（刀闸）—负荷侧隔离开关（刀闸）

　　D. 负荷侧隔离开关（刀闸）—电源侧隔离开关（刀闸）—断路器（开关）

　　答案：A

5.2.6.7 配电设备操作后的位置检查应以设备实际位置为准；无法看到实际位置时，应通过间接方法如设备机械位置指示、电气指示、带电显示装置、仪表及各种遥测、遥信等信号的变化来判断设备位置。判断时，至少应有两个非同样原理或非同源的指示发生对应变化，且所有这些确定的指示均已同时发生对应变化，方可确认该设备已操作到位。检查中若发现其他任何信号有异常，均应停止操作，查明原因。若进行遥控操作，可采用上述的间接方法或其他可靠的方法判断设备位置。

　　对部分无法采用上述方法进行位置检查的配电设备，各单位可根据自身设备情况制定检查细则。

　　【单选题】用间接方法判断操作后的设备位置时，至少应有两个（　　　　）指示发生对应变化，且所有这些确定的指示均已同时发生对应变化，方可确认该设备已操作到位。

　　A. 非同样构造或非同源的　　B. 同样原理或同源的
　　C. 非同样原理或非同源的　　D. 非同样原理或非同期的
　　答案：C

　　【多选题】配电设备操作后的位置检查应以设备实际位置为准；无法看到实际位置时，应通过间接方法如设备（　　　　）及各种遥测、遥信等信号的变化来判断设备位置。

A. 机械位置指示   B. 电气指示

C. 带电显示装置   D. 仪表

答案：ABCD

【判断题】配电设备操作后无法看到设备实际位置时，应通过间接方法来判断设备位置。判断时，至少应有两个非同样原理或非同源的指示发生对应变化，且所有这些确定的指示均已同时发生对应变化，方可确认该设备已操作到位。

答案：正确

5.2.6.8 解锁工具（钥匙）应封存保管，所有操作人员和检修人员禁止擅自使用解锁工具（钥匙）。若遇特殊情况需解锁操作，应经设备运维管理部门防误操作闭锁装置专责人或设备运维管理部门指定并经公布的人员到现场核实无误并签字，由运维人员告知值班调控人员后，方可使用解锁工具（钥匙）解锁。单人操作、检修人员在倒闸操作过程中禁止解锁；若需解锁，应待增派运维人员到现场，履行上述手续后处理。解锁工具（钥匙）使用后应及时封存并做好记录。

【单选题】若遇特殊情况需解锁操作，应经设备运维管理部门防误操作装置专责人或（   ）指定并经公布的人员到现场核实无误并签字。

A. 公司   B. 调控部门

C. 设备运维管理部门   D. 设备检修管理部门

答案：C

【判断题】解锁工具（钥匙）应封存保管，禁止使用解锁工具（钥匙）解锁。

答案：错误

【判断题】单人操作、检修人员在倒闸操作过程中禁止解锁；若需解锁，应待增派运维人员到现场，履行手续后处理。

答案：正确

【判断题】解锁工具（钥匙）使用后应及时封存并做好记录。

答案：正确

5.2.6.9 断路器（开关）与隔离开关（刀闸）无机械或电气闭锁装置时，在拉开隔离开关（刀闸）前应确认断路器（开关）已完全断开。

【单选题】断路器（开关）与隔离开关（刀闸）无机械或电气闭锁装置时，在拉开隔离开关（刀闸）前应（　　　　）。

A. 确认断路器（开关）操作电源已完全断开

B. 确认断路器（开关）已完全断开

C. 确认断路器（开关）机械指示正常

D. 确认无负荷电流

答案：B

5.2.6.10 操作机械传动的断路器（开关）或隔离开关（刀闸）时，应戴绝缘手套。操作没有机械传动的断路器（开关）、隔离开关（刀闸）或跌落式熔断器，应使用绝缘棒。雨天室外高压操作，应使用有防雨罩的绝缘棒，并穿绝缘靴、戴绝缘手套。

【多选题】雨天室外高压操作，应使用有防雨罩的（　　　　），并穿（　　　），戴（　　　　）。

A. 绝缘棒　　　　　　　　B. 绝缘靴

C. 绝缘手套　　　　　　　D. 绝缘鞋

答案：ABC

【多选题】操作机械传动的（　　　）时，应戴绝缘手套。

A. 隔离开关（刀闸）　　　B. 杆塔

C. 线路　　　　　　　　　D. 断路器（开关）

答案：AD

【判断题】操作没有机械传动的断路器（开关）、隔离开关（刀闸）或跌落式熔断器，应使用绝缘棒。

答案：正确

5.2.6.11 装卸高压熔断器，应戴护目镜和绝缘手套。必要时使用绝缘操作杆或绝缘夹钳。

【多选题】装卸高压熔断器，应戴（　　）。必要时使用绝缘操作杆或绝缘夹钳。

A. 绝缘鞋　　　B. 护目镜　　　C. 绝缘靴　　　D. 绝缘手套

答案：BD

5.2.6.12　雷电时，禁止就地倒闸操作和更换熔丝。

【单选题】（　　）时，禁止就地倒闸操作和更换熔丝。

A. 大风　　　B. 雷电　　　C. 大雨　　　D. 大雪

答案：B

5.2.6.13　单人操作时，禁止登高或登杆操作。

【判断题】单人操作时，禁止登高或登杆操作。

答案：正确

5.2.6.14　配电线路和设备停电后，在未拉开有关隔离开关（刀闸）和做好安全措施前，不得触及线路和设备或进入遮栏（围栏），以防突然来电。

【判断题】配电线路和设备停电后，在未拉开有关隔离开关（刀闸）和做好安全措施前，不得触及线路和设备或进入遮栏（围栏），以防突然来电。

答案：正确

5.2.7　遥控操作及程序操作。

5.2.7.1　实行远方遥控操作、程序操作的设备、项目，需经本单位批准。

【单选题】实行远方遥控操作、程序操作的设备、项目，需经（　　）批准。

A. 工作负责人　　　　　　B. 工作签发人

C. 本单位　　　　　　　　D. 监护人

答案：C

5.2.7.2　远方遥控操作断路器（开关）前，宜对现场发出提示信号，提醒现场人员远离操作设备。

【单选题】（　　　）断路器（开关）前，宜对现场发出提示信号，提醒现场人员远离操作设备。

A. 远方遥控操作　　　　　B. 远方程序操作

C. 就地操作　　　　　　　D. 拉开

答案：A

5.2.7.3 远方遥控操作继电保护软压板，至少应有两个指示发生对应变化，且所有这些确定的指示均已同时发生对应变化，方可确认该压板已操作到位。

【单选题】远方遥控操作继电保护软压板，至少应有（　　　）指示发生对应变化，且所有这些确定的指示均已同时发生对应变化，方可确认该压板已操作到位。

A. 两个　　　B. 三个　　　C. 四个　　　D. 一个

答案：A

5.2.8 配电线路操作。

5.2.8.1 装设柱上开关（包括柱上断路器、柱上负荷开关）的配电线路停电，应先断开柱上开关，后拉开隔离开关（刀闸）。送电操作顺序与此相反。

【单选题】装设柱上开关（包括柱上断路器、柱上负荷开关）的配电线路停电，应（　　　）。送电操作顺序与此相反。

A. 先断开柱上开关，后拉开隔离开关（刀闸）

B. 先拉开隔离开关（刀闸），后断开柱上开关

C. 先停主线开关，后停支线柱上开关

D. 先停支线柱上开关，后停主线开关

答案：A

5.2.8.2 配电变压器停电，应先拉开低压侧开关（刀闸），后拉开高压侧熔断器。送电操作顺序与此相反。

【单选题】配电变压器停电，应（　　　）。送电操作顺序与此相反。

A. 先拉开高压侧熔断器，后拉开低压侧开关（刀闸）

B. 先拉开低压侧开关（刀闸），后拉开高压侧熔断器

C. 先拉开低压侧分路开关，后拉开低压侧总开关

D. 先拉开低压侧总开关，后拉开低压侧分路开关

答案：B

5.2.8.3 拉跌落式熔断器、隔离开关（刀闸），应先拉开中相，后拉开两边相。合跌落式熔断器、隔离开关（刀闸）的顺序与此相反。

【判断题】拉跌落式熔断器、隔离开关（刀闸），应先拉开两边相，后拉开中相。合跌落式熔断器、隔离开关（刀闸）的顺序与此相反。

答案：错误

5.2.8.4 操作柱上充油断路器（开关）或与柱上充油设备同杆（塔）架设的断路器（开关）时，应防止充油设备爆炸伤人。

【判断题】操作柱上充油断路器（开关）或与柱上充油设备同杆（塔）架设的断路器（开关）时，应防止充油设备爆炸伤人。

答案：正确

5.2.8.5 更换配电变压器跌落式熔断器熔丝，应拉开低压侧开关（刀闸）和高压侧隔离开关（刀闸）或跌落式熔断器。摘挂跌落式熔断器的熔管，应使用绝缘棒，并派人监护。

【单选题】摘挂跌落式熔断器的熔管，应使用（   ），并派人监护。

A. 绝缘棒   B. 验电器   C. 操作杆   D. 专用工具

答案：A

【判断题】更换配电变压器跌落式熔断器熔丝，应拉开低压侧开关（刀闸）和高压侧隔离开关（刀闸）或跌落式熔断器。

答案：正确

5.2.8.6 就地使用遥控器操作断路器（开关），遥控器的编码应与断路器（开关）编号唯一对应。操作前，应核对现场设备双重名称。遥控器应有闭锁功能，须在解锁后方可进行遥控操作。为防

止误碰解锁按钮，应对遥控器采取必要的防护措施。

【问答题】就地使用遥控器操作断路器（开关）有哪些规定？

答案：就地使用遥控器操作断路器（开关），遥控器的编码应与断路器（开关）编号唯一一对应。操作前，应核对现场设备双重名称。遥控器应有闭锁功能，须在解锁后方可进行遥控操作。为防止误碰解锁按钮，应对遥控器采取必要的防护措施。

5.2.9 低压电气操作。

5.2.9.1 操作人员接触低压金属配电箱（表箱）前应先验电。

【判断题】操作人员接触低压金属配电箱(表箱)前应先验电。

答案：正确

5.2.9.2 有总断路器（开关）和分路断路器（开关）的回路停电，应先断开分路断路器（开关），后断开总断路器（开关）。送电操作顺序与此相反。

【判断题】有总断路器（开关）和分路断路器（开关）的回路停电，应先断开总路断路器（开关），后断开分断路器（开关）。送电操作顺序与此相反。

答案：错误

5.2.9.3 有刀开关和熔断器的回路停电，应先拉开刀开关,后取下熔断器。送电操作顺序与此相反。

【判断题】有刀开关和熔断器的回路停电，应先取下熔断器，后拉开刀开关。送电操作顺序与此相反。

答案：错误

5.2.9.4 有断路器（开关）和插拔式熔断器的回路停电，应先断开断路器（开关），并在负荷侧逐相验明确无电压后，方可取下熔断器。

【判断题】有断路器（开关）和插拔式熔断器的回路停电，应先断开断路器（开关），并在负荷侧 A 相验明确无电压后，方可取下熔断器。

答案：错误

5.3 砍剪树木

5.3.1 砍剪树木应有人监护。

【判断题】砍剪树木应有人监护。

答案：正确

5.3.2 砍剪靠近带电线路的树木，工作负责人应在工作开始前，向全体作业人员说明电力线路有电；人员、树木、绳索应与导线保持表 5–1 规定的安全距离。

表 5–1　邻近或交叉其他高压电力线工作的安全距离

电压等级（kV）	安全距离（m）	电压等级（kV）	安全距离（m）
10 及以下	1.0	±50	3.0
20、35	2.5	±400	8.2
66、110	3.0	±500	7.8
220	4.0	±660	10.0
330	5.0	±800	11.1
500	6.0		
750	9.0		
1000	10.5		

【单选题】砍剪靠近带电线路的树木，（　　　）应在工作开始前，向全体作业人员说明电力线路有电。

A. 工作负责人　　　　　　　B. 工作许可人

C. 工作票签发人　　　　　　D. 专业室领导

答案：A

【单选题】砍剪靠近带电线路的树木，工作负责人应在工作开始前，向全体作业人员说明电力线路有电；人员、树木、绳索应与导线保持10kV（　　　）m 的安全距离。

A. 0.7　　　　B. 1.0　　　　C. 1.5　　　　D. 3.0

答案：B

5.3.3 待砍剪的树木下方和倒树范围内不得有人逗留。

【判断题】待砍剪的树木下方和倒树范围内不得有人逗留。

答案：正确

5.3.4 为防止树木（树枝）倒落在线路上，应使用绝缘绳索将其拉向与线路相反的方向，绳索应有足够的长度和强度，以免拉绳的人员被倒落的树木砸伤。

【单选题】为防止树木（树枝）倒落在线路上，应使用绝缘绳索将其拉向与线路（　　）的方向，绳索应有足够的长度和强度，以免拉绳的人员被倒落的树木砸伤。

A. 相反　　　B. 60°　　　C. 90°　　　D. 相同

答案：A

5.3.5 砍剪山坡树木应做好防止树木向下弹跳接近线路的措施。

【判断题】砍剪山坡树木应做好防止树木向下弹跳接近线路的措施。

答案：正确

5.3.6 砍剪树木时，应防止马蜂等昆虫或动物伤人。

【判断题】砍剪树木时，应防止马蜂等昆虫或动物伤人。

答案：正确

5.3.7 上树时，应使用安全带，安全带不得系在待砍剪树枝的断口附近或以上。不得攀抓脆弱和枯死的树枝；不得攀登已经锯过或砍过的未断树木。

【单选题】上树时，应使用安全带，安全带不得系在待砍剪树枝的（　　）附近或以上。不得攀抓脆弱和枯死的树枝；不得攀登已经锯过或砍过的未断树木。

A. 茎部　　　B. 断口　　　C. 枝丫　　　D. 根部

答案：B

5.3.8 风力超过 5 级时，禁止砍剪高出或接近带电线路的树木。

【判断题】风力超过 5 级时，禁止砍剪高出或接近带电线路的树木。

答案：正确

5.3.9 使用油锯和电锯的作业，应由熟悉机械性能和操作方法的人员操作。使用时，应先检查所能锯到的范围内有无铁钉等金属物件，以防金属物体飞出伤人。

【单选题】使用油锯和电锯的作业，应由（　　　）的人员操作。使用时，应先检查所能锯到的范围内有无铁钉等金属物件，以防金属物体飞出伤人。

A. 熟悉工作组人员　　　　B. 熟悉操作方法
C. 熟悉机械性能　　　　　D. 熟悉机械性能和操作方法

答案：D

【判断题】使用油锯和电锯的作业时，应先检查所能锯到的范围内有马蜂窝，以防马蜂飞出伤人。

答案：错误

6 架空配电线路工作

6.1 坑洞开挖。

6.1.1 挖坑前,应与有关地下管道、电缆等设施的主管单位取得联系,明确地下设施的确切位置,做好防护措施。

【单选题】挖坑前,应与有关地下管道、电缆等设施的（　　）取得联系,明确地下设施的确切位置,做好防护措施。

A. 主管单位　　　　　　　　B. 运行单位

C. 维护单位　　　　　　　　D. 建设单位

答案:A

6.1.2 挖坑时,应及时清除坑口附近的浮土、石块,路面铺设材料和泥土应分别堆置,在堆置物堆起的斜坡上不得放置工具、材料等器物。

【多选题】挖坑时,应及时清除坑口附近的浮土、石块,路面铺设材料和泥土应分别堆置,在堆置物堆起的斜坡上不得放置（　　）等器物。

A. 工具　　　B. 桩锚　　　C. 杆塔　　　D. 材料

答案:AD

6.1.3 在超过 1.5m 深的基坑内作业时,向坑外抛掷土石应防止土石回落坑内,并做好防止土层塌方的临边防护措施。

【单选题】在超过（　　）m 深的基坑内作业时,向坑外抛掷土石应防止土石回落坑内,并做好防止土层塌方的临边防护措施。

A. 1　　　　B. 1.5　　　　C. 2　　　　D. 2.5

答案:B

【判断题】在超过 2.0m 深的基坑内作业时,向坑外抛掷土石应防止土石回落坑内,并做好防止土层塌方的临边防护措施。

答案:错误

6.1.4 在土质松软处挖坑，应有防止塌方措施，如加挡板、撑木等；不得站在挡板、撑木上传递土石或放置传土工具；禁止由下部掏挖土层。

【判断题】在土质松软处挖坑，应有防止塌方措施，如加挡板、撑木等。

答案：正确

【单选题】不得站在（　　　）传递土石或放置传土工具；禁止由下部掏挖土层。

A. 挡板上　　　　　　　　　B. 撑木上

C. 挡板、撑木上　　　　　　D. 脚手架上

答案：C

6.1.5 在下水道、煤气管线、潮湿地、垃圾堆或有腐质物等附近挖坑时，应设监护人。在挖深超过 2m 的坑内工作时，应采取安全措施，如戴防毒面具、向坑中送风和持续检测等。监护人应密切注意挖坑人员，防止煤气、硫化氢等有毒气体中毒及沼气等可燃气体爆炸。

【单选题】在下水道、煤气管线、潮湿地、垃圾堆或有腐质物等附近挖坑时，应设（　　　）。

A. 工作负责人　　　　　　　B. 工作许可人

C. 监护人　　　　　　　　　D. 工作班成员

答案：C

【单选题】在下水道、煤气管线、潮湿地、垃圾堆或有腐质物等附近挖坑时，应设监护人。在挖深超过（　　　）m 的坑内工作时，应采取安全措施，如戴防毒面具、向坑中送风和持续检测等。

A. 1　　　　　B. 1.5　　　　　C. 2　　　　　D. 2.5

答案：C

【多选题】在下水道、煤气管线、潮湿地、垃圾堆或有腐质物等附近挖坑时，应设监护人。在挖深超过 2m 的坑内工作时，应采取安全措施，如（　　　）等。

A. 戴口罩   B. 戴防毒面具

C. 向坑中送风   D. 持续检测

答案：BCD

6.1.6 在居民区及交通道路附近开挖的基坑，应设坑盖或可靠遮栏，加挂警告标示牌，夜间挂红灯。

【单选题】在居民区及交通道路附近开挖的基坑，应设坑盖或可靠遮栏，加挂警告标示牌，夜间挂（　　　　）。

A. 黄灯   B. 绿灯   C. 红灯   D. 红外灯

答案：C

6.1.7 塔脚检查，在不影响铁塔稳定的情况下，可以在对角线的两个塔脚同时挖坑。

【单选题】塔脚检查，在不影响铁塔稳定的情况下，可以在（　　　　）两个塔脚同时挖坑。

A. 对角线   B. 同一侧

C. 四个角中任选   D. 相邻

答案：A

6.1.8 杆塔基础附近开挖时，应随时检查杆塔稳定性。若开挖影响杆塔的稳定性时，应在开挖的反方向加装临时拉线，开挖基坑未回填时禁止拆除临时拉线。

【判断题】杆塔基础附近开挖时，应在开工前检查杆塔稳定性。若开挖影响杆塔的稳定性时，应在开挖的反方向加装临时拉线，开挖基坑完毕后拆除临时拉线。

答案：错误

6.1.9 变压器台架的木杆打帮桩时，相邻两杆不得同时挖坑。承力杆打帮桩挖坑时，应采取防止倒杆的措施。使用铁钎时，应注意上方导线。

【判断题】变压器台架的木杆打帮桩时，相邻两杆不得同时挖坑。

答案：正确

【判断题】承力杆打帮桩挖坑时，应采取防止倒杆的措施。使用铁钎时，应注意上方导线。

答案：正确

6.2 杆塔上作业。

6.2.1 登杆塔前，应做好以下工作：

（1）核对线路名称和杆号。

（2）检查杆根、基础和拉线是否牢固。

（3）检查杆塔上是否有影响攀登的附属物。

（4）遇有冲刷、起土、上拔或导地线、拉线松动的杆塔，应先培土加固、打好临时拉线或支好架杆。

（5）检查登高工具、设施（如脚扣、升降板、安全带、梯子和脚钉、爬梯、防坠装置等）是否完整牢靠。

（6）攀登有覆冰、积雪、积霜、雨水的杆塔时，应采取防滑措施。

（7）攀登过程中应检查横向裂纹和金具锈蚀情况。

【单选题】登杆塔前，应核对（　　　）。

A. 杆号　　　　　　　　　B. 线路名称和杆号

C. 杆基　　　　　　　　　D. 线路名称

答案：B

【单选题】遇有冲刷、起土、上拔或导地线、拉线松动的杆塔，登杆塔前，应先（　　　）、打好临时拉线或支好架杆。

A. 培土加固　　　　　　　B. 三交待

C. 两穿一戴　　　　　　　D. 测量接地电阻

答案：A

【单选题】攀登杆塔过程中应检查（　　　）和金具锈蚀情况。

A. 纵向裂纹　　　　　　　B. 横向裂纹

C. 裂纹　　　　　　　　　D. 绝缘子污染

答案：B

【多选题】遇有（　　　）或导地线、拉线松动的杆塔，登杆前应先培土加固、打好临时拉线或支好架杆。

　　A. 上拔　　　　B. 下沉　　　　C. 起土　　　　D. 冲刷

　　答案：ACD

　　【判断题】攀登有覆冰、积雪、积霜、雨水的杆塔时，应采取防滑措施。

　　答案：正确

　　【问答题】登杆塔前，应做好哪些工作？

　　答案：（1）核对线路名称和杆号。

　　（2）检查杆根、基础和拉线是否牢固。

　　（3）检查杆塔上是否有影响攀登的附属物。

　　（4）遇有冲刷、起土、上拔或导地线、拉线松动的杆塔，应先培土加固、打好临时拉线或支好架杆。

　　（5）检查登高工具、设施（如脚扣、升降板、安全带、梯子和脚钉、爬梯、防坠装置等）是否完整牢靠。

　　（6）攀登有覆冰、积雪、积霜、雨水的杆塔时，应采取防滑措施。

　　（7）攀登过程中应检查横向裂纹和金具锈蚀情况。

6.2.2　杆塔作业应禁止以下行为：

　　（1）攀登杆基未完全牢固或未做好临时拉线的新立杆塔。

　　（2）携带器材登杆或在杆塔上移位。

　　（3）利用绳索、拉线上下杆塔或顺杆下滑。

　　【多选题】杆塔作业应禁止以下行为：（　　　）。

　　A. 攀登杆基未完全牢固或未做好临时拉线的新立杆塔

　　B. 携带器材登杆或在杆塔上移位

　　C. 利用绳索、拉线上下杆塔

　　D. 顺杆下滑

　　答案：ABCD

6.2.3　杆塔上作业应注意以下安全事项：

　　（1）作业人员攀登杆塔、杆塔上移位及杆塔上作业时，手扶的构件应牢固，不得失去安全保护，并有防止安全带从杆顶脱出或被锋利物损坏的措施。

（2）在杆塔上作业时，宜使用有后备保护绳或速差自锁器的双控背带式安全带，安全带和保护绳应分挂在杆塔不同部位的牢固构件上。

（3）上横担前，应检查横担腐蚀情况、联结是否牢固，检查时安全带（绳）应系在主杆或牢固的构件上。

（4）在人员密集或有人员通过的地段进行杆塔上作业时，作业点下方应按坠落半径设围栏或其他保护措施。

（5）杆塔上下无法避免垂直交叉作业时，应做好防落物伤人的措施，作业时要相互照应，密切配合。

（6）杆塔上作业时不得从事与工作无关的活动。

【单选题】在人员密集或有人员通过的地段进行杆塔上作业时，（　　）下方应按坠落半径设围栏或其他保护措施。

A. 杆塔　　　　　　　　　B. 杆上人员

C. 作业点　　　　　　　　D. 横担

答案：C

【单选题】作业人员攀登杆塔时，手扶的构件应（　　）。

A. 牢固　　　B. 方便　　　C. 灵活　　　D. 耐用

答案：A

【判断题】杆塔上下无法避免垂直交叉作业时，应做好防落物伤人的措施，作业时要相互照应，密切配合。

答案：正确

6.2.4　在杆塔上使用梯子或临时工作平台，应将两端与固定物可靠连接，一般应由一人在其上作业。

【单选题】在杆塔上使用梯子或临时工作平台，应将两端与固定物可靠连接，一般应由（　　）人在其上作业。

A. 一　　　　　B. 二　　　　　C. 三　　　　　D. 四

答案：A

【判断题】在杆塔上使用梯子或临时工作平台，应将两端与固定物可靠连接，一般应由两人在其上作业。

答案：错误

6.2.5 雷电时，禁止线路杆塔上作业。

【判断题】雷电时，禁止线路杆塔上作业。

答案：正确

6.3 杆塔施工。

6.3.1 立、撤杆应设专人统一指挥。开工前，应交待施工方法、指挥信号和安全措施。

【单选题】立、撤杆应设专人统一指挥。开工前，应交待施工方法、指挥信号和（　　　）。

A. 安全措施 　　　　　　B. 技术措施

C. 组织措施 　　　　　　D. 应急措施

答案：A

6.3.2 居民区和交通道路附近立、撤杆，应设警戒范围或警告标志，并派人看守。

【判断题】居民区和交通道路附近立、撤杆，应设警戒范围或警告标志，并派人看守。

答案：正确

6.3.3 立、撤杆塔时，禁止基坑内有人。除指挥人及指定人员外，其他人员应在杆塔高度的1.2倍距离以外。

【单选题】立、撤杆塔时，禁止基坑内有人。除指挥人及指定人员外，其他人员应在杆塔高度的（　　　）倍距离以外。

A. 1.1 　　　B. 1.2 　　　C. 1.3 　　　D. 1.4

答案：B

【判断题】立、撤杆时，除指定人员外，禁止基坑内有其他无关人员。

答案：错误

6.3.4 顶杆及叉杆只能用于竖立8m以下的拔梢杆，不得用铁锹、木桩等代用。立杆前,应开好"马道",作业人员应均匀分布在电杆两侧。

【判断题】顶杆及叉杆只能用于竖立 10m 以下的拔梢杆。

答案:错误

6.3.5 立杆及修整杆坑,应采用拉绳、叉杆等控制杆身倾斜、滚动。

【多选题】立杆及修整杆坑时,应采用拉绳、叉杆等控制杆身( )。

A. 翻动   B. 倾斜   C. 滚动   D. 断裂

答案:BC

6.3.6 使用临时拉线的安全要求:

(1)不得利用树木或外露岩石作受力桩。

(2)一个锚桩上的临时拉线不得超过两根。

(3)临时拉线不得固定在有可能移动或其他不可靠的物体上。

(4)临时拉线绑扎工作应由有经验的人员担任。

(5)临时拉线应在永久拉线全部安装完毕承力后方可拆除。

(6)杆塔施工过程需要采用临时拉线过夜时,应对临时拉线采取加固和防盗措施。

【单选题】使用临时拉线时,一个锚桩上的临时拉线不得超过( )。

A. 一根   B. 两根   C. 三根   D. 四根

答案:B

【多选题】使用临时拉线的安全要求有( )。

A. 不得利用树木或外露岩石作受力桩

B. 一个锚桩上的临时拉线不得超过 3 根

C. 临时拉线不得固定在有可能移动或其他不可靠的物体上

D. 临时拉线绑扎工作应由有经验的人员担任

答案:ACD

【判断题】杆塔施工过程需要采用临时拉线过夜时,应对临时拉线采取加固和防盗措施。

答案：正确

【问答题】使用临时拉线的安全要求有哪些？

答案：（1）不得利用树木或外露岩石作受力桩。

（2）一个锚桩上的临时拉线不得超过两根。

（3）临时拉线不得固定在有可能移动或其他不可靠的物体上。

（4）临时拉线绑扎工作应由有经验的人员担任。

（5）临时拉线应在永久拉线全部安装完毕承力后方可拆除。

（6）杆塔施工过程需要采用临时拉线过夜时，应对临时拉线采取加固和防盗措施。

6.3.7 利用已有杆塔立、撤杆，应检查杆塔根部及拉线和杆塔的强度，必要时应增设临时拉线或采取其他补强措施。

【单选题】利用已有杆塔立、撤杆，应检查杆塔（　　　）及拉线和杆塔的强度，必要时应增设临时拉线或采取其他补强措施。

A. 基础　　　　B. 根部　　　　C. 中部　　　　D. 上部

答案：B

6.3.8 使用吊车立、撤杆塔，钢丝绳套应挂在电杆的适当位置以防止电杆突然倾倒。撤杆时，应先检查有无卡盘或障碍物并试拔。

【单选题】使用吊车立、撤杆塔，钢丝绳套应挂在电杆的（　　　）以防止电杆突然倾倒。

A. 中间位置　　　　　　　　B. 根部

C. 上部　　　　　　　　　　D. 适当位置

答案：D

【判断题】使用吊车撤杆时，应先检查有无卡盘或障碍物并试拔。

答案：正确

6.3.9 使用倒落式抱杆立、撤杆，主牵引绳、尾绳、杆塔中心及抱杆顶应在一条直线上，抱杆下端部应固定牢固，抱杆顶部应设临时拉线，并由有经验的人员均匀调节控制。抱杆应受力均匀，两侧缆风绳应拉好，不得左右倾斜。

【单选题】使用倒落式抱杆立、撤杆时，主牵引绳、尾绳、杆塔中心及抱杆顶应在一条直线上，抱杆下部应固定牢固，抱杆顶部应设临时拉线，并由（　　　）均匀调节控制。

A. 安全监护人　　　　　　B. 技术人员

C. 工作负责人　　　　　　D. 有经验的人员

答案：D

6.3.10 使用固定式抱杆立、撤杆，抱杆基础应平整坚实，缆风绳应分布合理、受力均匀。

【判断题】使用固定式抱杆立、撤杆，抱杆基础应平整坚实，缆风绳应分布合理、受力均匀。

答案：正确

6.3.11 整体立、撤杆塔前，应全面检查各受力、联结部位情况，全部满足要求方可起吊。

【判断题】整体立、撤杆塔前，应全面检查各受力、联结部位情况，全部满足要求方可起吊。

答案：正确

6.3.12 在带电线路、设备附近立、撤杆塔，杆塔、拉线、临时拉线、起重设备、起重绳索应与带电线路、设备保持表 6-1 所规定的安全距离，且应有防止立、撤杆过程中拉线跳动和杆塔倾斜接近带电导线的措施。

表 6-1　　　　　与架空输电线及其他带电体的最小安全距离

电压（kV）	<1	10、20	35、66	110	220	330	500
最小安全距离（m）	1.5	2.0	4.0	5.0	6.0	7.0	8.5

【单选题】在带电线路、设备附近立、撤杆塔，杆塔、拉线、临时拉线、起重设备、起重绳索应与带电线路、设备保持表 6-1 所规定的安全距离，且应有防止（　　　）接近带电导线的措施。

A. 立杆过程中拉线跳动和杆塔倾斜

B. 立、撤杆过程中拉线跳动和杆塔倾斜

C. 立、撤杆过程中拉线跳动

D. 撤杆过程中拉线杆塔倾斜

答案：B

【单选题】在110kV带电设备附近立、撤杆塔，杆塔、拉线、临时拉线、起重设备、起重绳索应与带电线路、设备保持的最小安全距离为（　　）m。

A. 3　　　　　B. 4　　　　　C. 5　　　　　D. 6

答案：C

【单选题】在35kV带电设备附近立、撤杆塔，杆塔、拉线、临时拉线、起重设备、起重绳索应与带电线路、设备保持的最小安全距离为（　　）m。

A. 3　　　　　B. 4　　　　　C. 5　　　　　D. 6

答案：B

【判断题】在10kV带电设备附近立、撤杆塔，杆塔、拉线、临时拉线、起重设备、起重绳索应与带电设备保持的最小安全距离为1m。

答案：错误

6.3.13 已经立起的杆塔，回填夯实后方可撤去拉绳及叉杆。

【判断题】已经立起的杆塔，可撤去拉绳及叉杆。

答案：错误

6.3.14 杆塔检修（施工）应注意以下安全事项：

（1）不得随意拆除未采取补强措施的受力构件。

（2）调整杆塔倾斜、弯曲、拉线受力不均时，应根据需要设置临时拉线及其调节范围，并应有专人统一指挥。

（3）杆塔上有人时，禁止调整或拆除拉线。

【多选题】调整杆塔倾斜、弯曲、拉线受力不均时，应根据需要设置（　　），并应有专人统一指挥。

A. 专责监护人   B. 警示标志

C. 临时拉线   D. 临时拉线的调节范围

答案：CD

【判断题】不得随意拆除未采取补强措施的受力构件。

答案：正确

【判断题】杆塔上有人时，可以调整但禁止拆除拉线。

答案：错误

6.4 放线、紧线与撤线。

6.4.1 放线、紧线与撤线工作均应有专人指挥、统一信号，并做到通信畅通、加强监护。

【多选题】放线、紧线与撤线工作均应有（   ），并做到通信畅通、加强监护。

A. 统一调度   B. 明确分工

C. 专人指挥   D. 统一信号

答案：CD

6.4.2 在交叉跨越各种线路、铁路、公路、河流等地方放线、撤线，应先取得有关主管部门同意，做好跨越架搭设、封航、封路、在路口设专人持信号旗看守等安全措施。

【单选题】在交叉跨越各种线路、铁路、公路、河流等地方放线、撤线，应先取得有关主管部门同意，做好跨越架搭设、封航、封路、在路口设专人持（   ）看守等安全措施。

A. 信号旗   B. 警示标志

C. 对讲机   D. 荧光棒

答案：A

【单选题】交叉跨越各种线路、铁路、公路、河流等地方放、撤线时，应先取得（   ）同意，做好跨越架搭设、封航、封路、在路口设专人持信号旗看守等安全措施。

A. 主管部门   B. 上级部门

C. 经信部门   D. 交通部门

答案：A

6.4.3 工作前应检查确认放线、紧线与撤线工具及设备符合要求。

【判断题】工作前应检查确认放线、紧线与撤线工具及设备符合要求。

答案：正确

6.4.4 放线、紧线前，应检查确认导线无障碍物挂住，导线与牵引绳的连接应可靠，线盘架应稳固可靠、转动灵活、制动可靠。

【多选题】放、紧线前，应检查确认导线无障碍物挂住，导线与牵引绳的连接应可靠，线盘架应（　　　　）。

A. 美观清洁　　　　　　　　B. 稳固可靠

C. 转动灵活　　　　　　　　D. 制动可靠

答案：BCD

6.4.5 紧线、撤线前，应检查拉线、桩锚及杆塔。必要时，应加固桩锚或增设临时拉线。

拆除杆上导线前，应检查杆根，做好防止倒杆措施，在挖坑前应先绑好拉绳。

【单选题】拆除杆上导线前，应检查（　　　　），做好防止倒杆措施，在挖坑前应先绑好拉绳。

A. 卡盘　　　B. 拉线　　　C. 埋深　　　D. 杆根

答案：D

【多选题】紧线、撤线前，应检查（　　　　）。必要时，应加固桩锚或增设临时拉线。

A. 拉线　　　B. 桩锚　　　C. 杆塔　　　D. 工具

答案：ABC

6.4.6 放线、紧线时，遇接线管或接线头过滑轮、横担、树枝、房屋等处有卡、挂现象，应松线后处理。处理时操作人员应站在卡线处外侧，采用工具、大绳等撬、拉导线。禁止用手直接拉、推导线。

【单选题】放线、紧线时，处理有卡、挂现象，应松线后处理。

处理时操作人员应站在卡线处（　　　）。

A. 内侧 　　　 B. 外侧 　　　 C. 下方 　　　 D. 上方

答案：B

【判断题】处理放线、紧线过程中卡、挂现象时操作人员应站在卡线处外侧，用手拉、推导线。

答案：错误

6.4.7　放线、紧线与撤线时，作业人员不应站在或跨在已受力的牵引绳、导线的内角侧，展放的导线圈内以及牵引绳或架空线的垂直下方。

【单选题】放线、紧线与撤线时，作业人员不应站在或跨在已受力的牵引绳、导线的（　　　），展放的导线圈内以及牵引空线的垂直下方。

A. 外角侧　　 B. 内角侧　　 C. 上方　　 D. 受力侧

答案：B

6.4.8　放、撤导线应有人监护，注意与高压导线的安全距离，并采取措施防止与低压带电线路接触。

【判断题】放、撤导线应有人监护，注意与高压导线的安全距离，并采取措施防止与低压带电线路接触。

答案：正确

6.4.9　禁止采用突然剪断导线的做法松线。

【单选题】（　　　）采用突然剪断导线的做法松线。

A. 原则上不得　　　　　　 B. 可以

C. 禁止　　　　　　　　　 D. 在保障安全前提下可

答案：C

6.4.10　采用以旧线带新线的方式施工，应检查确认旧导线完好牢固；若放线通道中有带电线路和带电设备，应与之保持安全距离，无法保证安全距离时应采取搭设跨越架等措施或停电。

牵引过程中应安排专人跟踪新旧导线连接点，发现问题立即通知停止牵引。

【问答题】采用以旧线带新线的方式进行施工,如何做保证安全?

答案: 采用以旧线带新线的方式施工,应检查确认旧导线完好牢固;若放线通道中有带电线路和带电设备,应与之保持安全距离,无法保证安全距离时应采取搭设跨越架等措施或停电。

牵引过程中应安排专人跟踪新旧导线连接点,发现问题立即通知停止牵引。

6.4.11 在交通道口采取无跨越架施工时,应采取措施防止车辆挂碰施工线路。

6.5 高压架空绝缘导线工作。

6.5.1 架空绝缘导线不得视为绝缘设备,作业人员或非绝缘工器具、材料不得直接接触或接近。架空绝缘导线与裸导线线路的作业安全要求相同。

【单选题】架空绝缘导线不得视为 ( )。

A. 绝缘设备   B. 导电设备

C. 承力设备   D. 载流设备

答案: A

【判断题】架空绝缘导线可视为绝缘设备,作业人员在做好相应的安全措施后可直接接触或接近。

答案: 错误

6.5.2 在停电检修作业中,开断或接入绝缘导线前,应做好防感应电的安全措施。

【判断题】在停电检修作业中,开断或接入绝缘导线前,应做好防感应电的安全措施。

答案: 正确

【问答题】高压架空绝缘导线工作有哪些安全规定?

答案:(1)架空绝缘导线不得视为绝缘设备,作业人员或非绝缘工器具、材料不得直接接触或接近。架空绝缘导线与裸导线线路的作业安全要求相同。

(2)在停电检修作业中,开断或接入绝缘导线前,应做好防感应电的安全措施。

6.6 邻近带电导线的工作。

6.6.1 在带电杆塔上进行测量、防腐、巡视检查、紧杆塔螺栓、清除杆塔上异物等工作,作业人员活动范围及其所携带的工具、材料等与带电导线最小距离不得小于表 3–1 的规定。若不能保持表 3–1 要求的距离时,应按照带电作业或停电进行。

【多选题】在带电杆塔上进行(　　　)、清除杆塔上异物等工作,作业人员活动范围及其所携带的工具、材料等与带电导线最小距离不得小于表 3–1 的规定。若不能保持表 3–1 要求的距离时,应按照带电作业或停电进行。

A. 测量　　　　　　　　B. 防腐
C. 巡视检查　　　　　　D. 紧杆塔螺栓
答案: ABCD

6.6.2 工作中,应使用绝缘无极绳索,风力应小于 5 级,并设人监护。

【单选题】邻近带电导线的工作中,应使用绝缘无极绳索,风力应小于(　　　)级,并设人监护。

A. 4　　　　　B. 5　　　　　C. 6　　　　　D. 7
答案: B

【单选题】在带电杆塔上进行测量、防腐、巡视检查、紧杆塔螺栓、清除杆塔上异物等工作,风力应小于(　　　)级。

A. 6　　　　　B. 5　　　　　C. 4　　　　　D. 3
答案: B

6.6.3 若停电检修的线路与另一回带电线路交叉或接近,并导致工作时人员和工器具可能和另一回线路接触或接近至表 5–1 规定的安全距离以内,则另一回线路也应停电并接地。若交叉或邻近的线路无法停电时,应遵守本规程 6.6.4~6.6.7 条的规定。工作中应采取防止损伤另一回线路的措施。

【单选题】若停电检修的线路与另一回带电线路(　　　),并导致工作时人员和工器具可能和另一回线路接触或接近至表 5-1 规定的安全距离以内，则另一回线路也应停电并接地。

A. 交叉　　　　　　　　B. 平行

C. 同杆架设　　　　　　D. 交叉或接近

答案：D

6.6.4 邻近带电线路工作时，人体、导线、施工机具等与带电线路的距离应满足表 5-1 的规定，作业的导线应在工作地点接地，绞车等牵引工具应接地。

【单选题】邻近 10kV 带电线路工作时，人体、导线、施工机具等与带电线路的距离应满足（　　　）m 要求。

A. 1.0　　　B. 0.7　　　C. 0.4　　　D. 0.9

答案：A

【判断题】邻近带电线路工作时，人体、导线、施工机具等与带电线路的距离如满足表 5-1 的规定，作业地点的导线、绞车等牵引工具可不用接地。

答案：错误

6.6.5 在带电线路下方进行交叉跨越档内松紧、降低或架设导线的检修及施工，应采取防止导线跳动或过牵引与带电线路接近至表 5-1 规定的安全距离的措施。

【单选题】在 110kV 带电线路下方进行交叉跨越档内松紧、降低或架设导线的检修及施工，应采取防止导线跳动或过牵引与带电线路接近至（　　　）m 安全距离的措施。

A. 2　　　B. 2.5　　　C. 3.0　　　D. 3.5

答案：C

【判断题】在带电线路上方进行交叉跨越档内松紧、降低或架设导线的检修及施工，应采取防止导线跳动或过牵引与带电线路接近至表 5-1 规定的安全距离的措施。

答案：错误

6.6.6 停电检修的线路若在另一回线路的上面，而又必须在该线路不停电情况下进行放松或架设导线、更换绝缘子等工作时，应采取作业人员充分讨论后经批准执行的安全措施。措施应能保证：

（1）检修线路的导、地线牵引绳索等与带电线路的导线应保持表 5-1 规定的安全距离。

（2）要有防止导、地线脱落、滑跑的后备保护措施。

【多选题】停电检修的线路若在另一回线路的上面，而又必须在该线路不停电情况下进行放松或架设导线、更换绝缘子等工作时，应（　　　　）。

A. 采取作业人员充分讨论后经批准执行的安全措施

B. 保证检修线路的导、地线牵引绳索等与带电线路的导线应保持表 5-1 规定的安全距离

C. 应采取防止导线跳动或过牵引与带电线路接近至表 5-1 规定的安全距离的措施

D. 要有防止导、地线脱落、滑跑的后备保护措施

答案：ABD

6.6.7 与带电线路平行、邻近或交叉跨越的线路停电检修，应采取以下措施防止误登杆塔：

（1）每基杆塔上都应有线路名称、杆号。

（2）经核对停电检修线路的名称、杆号无误，验明线路确已停电并挂好地线后，工作负责人方可宣布开始工作。

（3）在该段线路上工作，作业人员登杆塔前应核对停电检修线路的名称、杆号无误，并设专人监护，方可攀登。

【判断题】与带电线路平行、邻近或交叉跨越的线路停电检修，经核对停电检修线路的名称、杆号无误后，工作负责人方可宣布开始工作。

答案：错误

【问答题】与带电线路平行、邻近或交叉跨越的线路停电检修，应采取哪些措施防止误登杆塔？

答案：（1）每基杆塔上都应有线路名称、杆号。

（2）经核对停电检修线路的名称、杆号无误，验明线路确已停电并挂好地线后，工作负责人方可宣布开始工作。

（3）在该段线路上工作，作业人员登杆塔前应核对停电检修线路的名称、杆号无误，并设专人监护，方可攀登。

6.7 同杆（塔）架设多回线路中部分线路停电的工作。

6.7.1 工作票中应填写多回线路中每回线路的双重称号（即线路名称和位置称号）。

【单选题】同杆（塔）架设多回线路中部分线路停电的工作时，工作票中应填写多回线路中每回线路的（　　　）。

A. 双重称号　　　　　　　B. 双重名称

C. 位置称号　　　　　　　D. 线路名称

答案：A

【判断题】线路双重称号指线路名称和编号。

答案：错误

6.7.2 工作负责人在接受许可开始工作的命令前，应与工作许可人核对停电线路双重称号无误。

【判断题】同杆（塔）架设多回线路中部分线路停电的工作，工作负责人在接受许可开始工作的命令前，应与工作许可人核对停电线路名称无误后，方可宣布开始工作。

答案：错误

6.7.3 禁止在有同杆（塔）架设的 10（20）kV 及以下线路带电情况下，进行另一回线路的停电施工作业。

【判断题】在有同杆（塔）架设的 10（20）kV 及以下线路带电情况下，应做好安全措施后再进行另一回线路的停电施工作业。

答案：错误

6.7.4 在同杆（塔）架设的 10（20）kV 及以下线路带电情况下，当满足表 5-1 规定的安全距离且采取可靠防止人身安全措施的情况下，方可进行下层线路的登杆停电检修工作。

【判断题】在同杆（塔）架设的 10（20）kV 及以下线路带电情况下，当满足表 5-1 规定的安全距离的情况下，方可进行下层线路的登杆停电检修工作。

答案：错误

6.7.5 为防止误登有电线路，应采取以下措施：

（1）每基杆塔应设识别标记（色标、判别标帜等）和线路名称、杆号。

（2）工作前应发给作业人员相对应线路的识别标记。

（3）经核对停电检修线路的识别标记和线路名称、杆号无误，验明线路确已停电并挂好接地线后，工作负责人方可宣布开始工作。

（4）作业人员登杆塔前应核对停电检修线路的识别标记和线路名称、杆号无误后，方可攀登。

（5）登杆塔和在杆塔上工作时，每基杆塔都应设专人监护。

【判断题】作业人员登杆塔前应核对停电检修线路的识别标记和线路名称、杆号无误后，方可攀登。

答案：正确

【问答题】同杆（塔）架设多回线路中部分线路停电的工作，为防止误登有电线路，应采取哪些措施？

答案：（1）每基杆塔应设识别标记（色标、判别标帜等）和线路名称、杆号。

（2）工作前应发给作业人员相对应线路的识别标记。

（3）经核对停电检修线路的识别标记和线路名称、杆号无误，验明线路确已停电并挂好接地线后，工作负责人方可宣布开始工作。

（4）作业人员登杆塔前应核对停电检修线路的识别标记和线路名称、杆号无误后，方可攀登。

（5）登杆塔和在杆塔上工作时，每基杆塔都应设专人监护。

6.7.6 在带电导线附近使用绑线时，应在下面绕成小盘再带上杆塔。禁止在杆塔上卷绕或放开绑线。

【单选题】在带电导线附近使用绑线时，应在下面绕成小盘再带上杆塔。禁止在杆塔上（　　　）。

A. 卷绕或放开绑线　　　　B. 卷绕绑线

C. 放开绑线　　　　　　　D. 使用绑线

答案：A

7 配电设备工作

7.1 柱上变压器台架工作。

7.1.1 柱上变压器台架工作前,应检查确认台架与杆塔联结牢固、接地体完好。

【判断题】柱上变压器台架工作前,应检查确认台架与杆塔联结牢固、接地体完好。

答案:正确

7.1.2 柱上变压器台架工作,应先断开低压侧的空气开关、刀开关,再断开变压器台架的高压线路的隔离开关(刀闸)或跌落式熔断器,高低压侧验电、接地后,方可工作。若变压器的低压侧无法装设接地线,应采用绝缘遮蔽措施。

【单选题】柱上变压器台架工作,若变压器的低压侧无法装设接地线,应采用( )措施。

A. 禁止工作   B. 加强监护

C. 拆除引线   D. 绝缘遮蔽

答案:D

【判断题】柱上变压器台架工作,应先断开变压器台架的高压线路的隔离开关(刀闸)或跌落式熔断器,再断开低压侧的空气开关、刀开关,高低压侧验电、接地后,方可工作。

答案:错误

7.1.3 柱上变压器台架工作,人体与高压线路和跌落式熔断器上部带电部分应保持安全距离。不宜在跌落式熔断器下部新装、调换引线,若必须进行,应采用绝缘罩将跌落式熔断器上部隔离,并设专人监护。

【单选题】不宜在跌落式熔断器( )新装、调换引线,若必须进行,应采用绝缘罩将跌落式熔断器上部隔离,并设专人监护。

　　A. 上部　　　　B. 下部　　　　C. 左侧　　　　D. 右侧

　　答案：B

　　【判断题】柱上变压器台架工作，人体与高压线路和跌落式熔断器上部带电部分应保持安全距离。

　　答案：正确

7.2　箱式变电站工作。

7.2.1　箱式变电站停电工作前，应断开所有可能送电到箱式变电站的线路的断路器（开关）、负荷开关、隔离开关（刀闸）和熔断器，验电、接地后，方可进行箱式变电站的高压设备工作。

　　【多选题】箱式变电站停电工作前，应断开所有可能送电到箱式变电站的线路的（　　　），验电、接地后，方可进行箱式变电站的高压设备工作。

　　A. 断路器（开关）　　　　B. 负荷开关

　　C. 隔离开关（刀闸）　　　D. 熔断器

　　答案：ABCD

7.2.2　变压器高压侧短路接地、低压侧短路接地或采取绝缘遮蔽措施后，方可进入变压器室工作。

　　【判断题】变压器高压侧短路接地或采取绝缘遮蔽措施后，方可进入变压器室工作。

　　答案：错误

7.3　配电站、开闭所工作。

7.3.1　配电站、开闭所的环网柜应在没有负荷的状态下更换熔断器。

　　【判断题】配电站、开闭所的环网柜可以在低负荷的状态下更换熔断器。

　　答案：错误

7.3.2　环网柜应在停电、验电、合上接地刀闸后，方可打开柜门。

　　【多选题】环网柜应在（　　　）后，方可打开柜门。

A. 停电

B. 验电

C. 合上接地刀闸

D. 悬挂"止步，高压危险！"标示牌

答案：ABC

7.3.3 环网柜部分停电工作，若进线柜线路侧有电，进线柜应设遮栏，悬挂"止步，高压危险！"标示牌；在进线柜负荷开关的操作把手插入口加锁，并悬挂"禁止合闸，有人工作！"标示牌；在进线柜接地刀闸的操作把手插入口加锁。

【单选题】环网柜部分停电工作，若进线柜线路侧有电，进线柜应设遮栏，悬挂"(　　)"标示牌。

A. 止步，高压危险！　　　　B. 禁止合闸，有人工作！

C. 禁止攀登、高压危险！　　D. 从此进出

答案：A

【多选题】环网柜部分停电工作，若进线柜线路侧有电，(　　)。

A. 进线柜应设遮栏，悬挂"止步，高压危险！"标示牌

B. 在进线柜负荷开关的操作把手插入口加锁

C. 在进线柜负荷开关的操作把手悬挂"禁止合闸，有人工作！"标示牌

D. 在进线柜接地刀闸的操作把手插入口加锁

答案：ABCD

【判断题】环网柜部分停电工作，若进线柜线路侧有电，进线柜应设遮栏，悬挂"止步，高压危险！"标示牌。

答案：正确

7.3.4 配电站的变压器室内工作，人体与高压设备带电部分应保持表 3-1 规定的安全距离。

【单选题】配电站的变压器室内工作，人体与 10kV 高压设备带电部分应保持（　　）m 的安全距离。

A. 0.7 　　　 B. 1.0 　　　 C. 1.5 　　　 D. 3.0

答案：A

7.3.5 配电变压器柜的柜门应有防误入带电间隔的措施，新设备应安装防误入带电间隔闭锁装置。

【单选题】配电变压器柜的（　）应有防误入带电间隔的措施，新设备应安装防误入带电间隔闭锁装置。

A. 柜体 　　 B. 后盖 　　 C. 柜门 　　 D. 操作把手

答案：C

7.3.6 在带电设备周围使用工器具及搬动梯子、管子等长物，应满足安全距离要求。在带电设备周围禁止使用钢卷尺、皮卷尺和线尺（夹有金属丝者）进行测量。

【判断题】在带电设备周围可以使用皮卷尺和线尺进行测量。

答案：错误

7.3.7 在配电站或高压室内搬动梯子、管子等长物，应放倒，由两人搬运，并与带电部分保持足够的安全距离。在配电站的带电区域内或邻近带电线路处，禁止使用金属梯子。

【单选题】在配电站或高压室内搬动梯子、管子等长物，应（　　），并与带电部分保持足够的安全距离。

A. 放倒，由两人搬运 　　 B. 放倒，由一人搬运

C. 一人水平搬运 　　 D. 两人水平搬运

答案：A

【判断题】在配电站的带电区域内或临近带电线路处，禁止使用金属梯子。

答案：正确

7.4 计量、负控装置工作。

7.4.1 工作时，应有防止电流互感器二次侧开路、电压互感器二次侧短路和防止相间短路、相对地短路、电弧灼伤的措施。

【多选题】计量、负控装置工作时，应有防止（　　　）、电弧灼伤的措施。

A. 电流互感器二次侧开路　　B. 电压互感器二次侧短路

C. 相间短路　　　　　　　　D. 相对地短路

答案：ABCD

【判断题】计量、负控装置工作时，应有防止电流互感器二次侧开路、电压互感器二次侧短路和防止相间短路、相对地短路、电弧灼伤的措施。

答案：正确

7.4.2 电源侧不停电更换电能表时，直接接入的电能表应将出线负荷断开；经电流互感器接入的电能表应将电流互感器二次侧短路后进行。

【多选题】电源侧不停电更换电能表时，（　　）后进行。

A. 直接接入的电能表应将出线负荷断开

B. 经电流互感器接入的电能表应将电流互感器二次侧短路

C. 拉开电源侧开关

D. 降低负荷电流

答案：AB

7.4.3 现场校验电流互感器、电压互感器应停电进行，试验时应有防止反送电、防止人员触电的措施。

【判断题】现场校验电流互感器、电压互感器应停电进行，试验时应有防止反送电、防止人员触电措施。

答案：正确

7.4.4 负控装置安装、维护和检修工作一般应停电进行，若需不停电进行，工作时应有防止误碰运行设备、误分闸的措施。

【多选题】负控装置安装、维护和检修工作一般应停电进行，若需不停电进行，工作时应有防止（　　）的措施。

A. 感应电　　　　　　　　B. 误碰运行设备

C. 误分闸　　　　　　　　D. 误合闸

答案：BC

8 低压电气工作

8.1 一般要求。

8.1.1 低压电气带电工作应戴手套、护目镜，并保持对地绝缘。

【判断题】低压电气带电工作应戴手套、护目镜，并保持对地绝缘。

答案：正确

8.1.2 低压配电网中的开断设备应易于操作，并有明显的开断指示。

【单选题】低压配电网中的开断设备应易于操作，并有明显的（　　）指示。

A. 仪表　　　B. 信号　　　C. 开断　　　D. 机械

答案：C

8.1.3 低压电气工作前，应用低压验电器或测电笔检验检修设备、金属外壳和相邻设备是否有电。

【多选题】低压电气工作前，应用低压验电器或测电笔检验（　　）是否有电。

A. 检修设备　　　　　　　B. 金属外壳
C. 相邻设备　　　　　　　D. 所有可能来电的各端

答案：ABC

8.1.4 低压电气工作，应采取措施防止误入相邻间隔、误碰相邻带电部分。

【判断题】低压电气工作，应采取措施防止误入相邻间隔、误碰相邻带电部分。

答案：正确

8.1.5 低压电气工作时，拆开的引线、断开的线头应采取绝缘包裹等遮蔽措施。

【判断题】低压电气工作时，拆开的引线、断开的线头应采取胶布包裹等遮蔽措施。

答案：错误

【单选题】低压电气工作时，拆开的引线、断开的线头应采取（　　　）等遮蔽措施。

A. 胶带包裹 　　　　　　　　B. 绝缘包裹

C. 帆布遮盖 　　　　　　　　D. 剪断包裹

答案：B

8.1.6　低压电气带电工作，应采取绝缘隔离措施防止相间短路和单相接地。

【判断题】低压电气带电工作，应采取绝缘隔离措施防止相间短路和单相接地。

答案：正确

8.1.7　低压电气带电工作时，作业范围内电气回路的剩余电流动作保护装置应投入运行。

【判断题】低压电气带电工作时，作业范围内电气回路的剩余电流动作保护装置应投入运行。

答案：正确

8.1.8　低压电气带电工作使用的工具应有绝缘柄，其外裸露的导电部位应采取绝缘包裹措施；禁止使用锉刀、金属尺和带有金属物的毛刷、毛掸等工具。

【单选题】低压电气带电工作使用的工具应有（　　　）。

A. 绝缘柄　　B. 木柄　　　C. 塑料柄　　　D. 金属外壳

答案：A

8.1.9　所有未接地或未采取绝缘遮蔽、断开点加锁挂牌等可靠措施隔绝电源的低压线路和设备都应视为带电。

【单选题】所有未接地或未采取绝缘遮蔽、断开点加锁挂牌等可靠措施隔绝电源的低压线路和设备都应视为（　　　）。

A. 检修　　　　B. 运行　　　　C. 停运　　　　D. 带电

答案：D

8.1.10 不填用工作票的低压电气工作可单人进行。

【单选题】不填用工作票的低压电气工作可（　　）进行。

A. 两人　　　　B. 三人　　　　C. 单人　　　　D. 单人监护

答案：C

【判断题】不填用工作票的低压电气工作必须双人进行。

答案：错误

8.2 低压配电网工作。

8.2.1 带电断、接低压导线应有人监护。断、接导线前应核对相线（火线）、零线。断开导线时，应先断开相线（火线），后断零线。搭接导线时，顺序应相反。禁止人体同时接触两根线头。禁止带负荷断、接导线。

【判断题】带电断开低压导线时，应先断开零线，后断开相线（火线）。

答案：错误

【判断题】带电断、接低压导线应有人监护。

答案：正确

【判断题】人体可同时接触两根零线线头。

答案：错误

【判断题】禁止带负荷断、接导线。

答案：正确

【问答题】带电断、接低压导线有哪些安全要求？

答案：带电断、接低压导线应有人监护。断、接导线前应核对相线(火线)、零线。断开导线时，应先断开相线(火线)，后断开零线。搭接导线时，顺序应相反。禁止人体同时接触两根线头。禁止带负荷断、接导线。

8.2.2 高低压同杆（塔）架设，在低压带电线路上工作前，应先检查与高压线路的距离，并采取防止误碰高压带电线路的措施。

【判断题】高低压同杆（塔）架设，在低压带电线路上工作前，应先检查与高压线路的距离，并采取防止误碰高压带电线路的措施。

答案：正确

8.2.3 高低压同杆（塔）架设，在下层低压带电导线未采取绝缘隔离措施或未停电接地时，作业人员不得穿越。

【单选题】高低压同杆（塔）架设，在（   ）低压带电导线未采取绝缘隔离措施或未停电接地时，作业人员不得穿越。

A. 上层　　　　B. 下层　　　　C. 对侧　　　　D. 邻近

答案：B

8.2.4 低压装表接电时，应先安装计量装置后接电。

【单选题】低压装表接电时，（   ）。

A. 应先安装计量装置后接电

B. 应先接电后安装计量装置

C. 计量装置安装和接电的顺序无要求

D. 计量装置安装和接电应同时进行

答案：A

8.2.5 电容器柜内工作，应断开电容器的电源、逐相充分放电后，方可工作。

【单选题】电容器柜内工作，应断开电容器的电源、（   ）后，方可工作。

A. 逐相充分放电　　　　　　B. 充分放电

C. 刀闸拉开　　　　　　　　D. 接地

答案：A

8.2.6 在配电柜（盘）内工作，相邻设备应全部停电或采取绝缘遮蔽措施。

【判断题】在配电柜（盘）内工作，相邻设备应全部停电或采取绝缘遮蔽措施。

答案：正确

8.2.7 当发现配电箱、电表箱箱体带电时，应断开上一级电源，查明带电原因，并做相应处理。

【单选题】当发现配电箱、电表箱箱体带电时，应（　　），查明带电原因，并作相应处理。

A. 检查接地装置　　　　　　B. 断开上一级电源

C. 通知用户停电　　　　　　D. 先接地

答案：B

8.2.8 配电变压器测控装置二次回路上工作，应按低压带电工作进行，并采取措施防止电流互感器二次侧开路。

【判断题】配电变压器测控装置二次回路上工作，应按低压带电工作进行，并采取措施防止电流互感器二次侧短路。

答案：错误

8.2.9 非运维人员进行的低压测量工作，宜填用低压工作票。

【单选题】非运维人员进行的低压测量工作，宜填用（　　）。

A. 配电第一种工作票　　　　B. 配电第二种工作票

C. 配电带电作业工作票　　　D. 低压工作票

答案：D

8.3 低压用电设备工作。

8.3.1 在低压用电设备（如充电桩、路灯、用户终端设备等）上工作，应采用工作票或派工单、任务单、工作记录、口头、电话命令等形式，口头或电话命令应留有记录。

【多选题】在低压用电设备（如充电桩、路灯、用户终端设备等）上工作，应采用（　　）等形式，口头或电话命令应留有记录。

A. 工作票或派工单　　　　　B. 任务单

C. 工作记录　　　　　　　　D. 口头、电话命令

答案：ABCD

8.3.2 在低压用电设备上工作，需高压线路、设备配合停电时，应填用相应的工作票。

【单选题】在低压用电设备上工作，需高压线路、设备配合停电时，应填用相应的（　　）。

A. 工作票　　B. 任务单　　C. 工作记录　　D. 派工单

答案：A

8.3.3 在低压用电设备上停电工作前，应断开电源、取下熔丝、加锁或悬挂标示牌，确保不误合。

【多选题】在低压用电设备上停电工作前，应（　　　），确保不误合。

A. 断开电源 　　　　　　 B. 取下熔丝

C. 加锁或悬挂标示牌 　　 D. 装设接地线

答案：ABC

8.3.4 在低压用电设备上停电工作前，应验明确无电压，方可工作。

【判断题】在低压用电设备上停电工作前，应验明确无电压，方可工作。

答案：正确

9 带 电 作 业

9.1 一般要求。

9.1.1 本章的规定适用于在海拔 1000m 及以下交流 10（20）kV 的高压配电线路上，采用绝缘杆作业法和绝缘手套作业法进行的带电作业。其他等级高压配电线路可参照执行。

【单选题】配电《安规》对带电作业的规定适用于在海拔（   ）m 及以下交流 10（20）kV 的高压配电线路上，采用绝缘杆作业法和绝缘手套作业法进行的带电作业。其他等级高压配电线路可参照执行。

A. 500   B. 800   C. 1000   D. 1200

答案：C

【多选题】配电《安规》带电作业的规定适用于在海拔 1000m 及以下交流 10（20）kV 的高压配电线路上，采用（   ）进行的带电作业。其他等级高压配电线路可参照执行。

A. 绝缘杆作业法   B. 绝缘梯作业法

C. 绝缘手套作业法   D. 绝缘车作业法

答案：AC

9.1.2 参加带电作业的人员，应经专门培训，考试合格取得资格、单位批准后，方可参加相应的作业。带电作业工作票签发人和工作负责人、专责监护人应由具有带电作业资格和实践经验的人员担任。

【单选题】带电作业工作票签发人应由具有带电作业资格和（   ）的人员担任。

A. 熟悉设备情况

B. 实践经验

C. 考试合格

D. 变电或线路第一种工作票签发人资格

答案：B

【多选题】参加带电作业的人员，应经（   ）后，方可参加相应的作业。

A. 集中培训　　　　　　　B. 考试合格取得资格

C. 单位批准　　　　　　　D. 专门培训

答案：BCD

9.1.3 带电作业应有人监护。监护人不得直接操作，监护的范围不得超过一个作业点。复杂或高杆塔作业，必要时应增设专责监护人。

【单选题】带电作业监护人的监护范围不得超过（   ）作业点。

A. 相邻两个　　　　　　　B. 一定范围内

C. 一个　　　　　　　　　D. 两个

答案：C

【多选题】关于带电作业监护，下列说法正确的是（   ）。

A. 监护人不得直接操作

B. 监护的范围不得超过一个作业点

C. 复杂或高杆塔作业，必要时应增设专责监护人

D. 带电作业应有人监护

答案：ABCD

9.1.4 工作负责人在带电作业开始前，应与值班调控人员或运维人员联系。需要停用重合闸的作业和带电断、接引线工作应由值班调控人员履行许可手续。带电作业结束后，工作负责人应及时向值班调控人员或运维人员汇报。

【单选题】带电作业需要停用重合闸的作业和带电断、接引线工作应由（   ）履行许可手续。

A. 运行值班人员　　　　　B. 值班调控人员

C. 专责监护人　　　　　　D. 工作负责人

答案：B

【单选题】带电作业结束后，工作负责人应及时向（　　　）汇报。

A. 值班调控人员或运维人员

B. 值班调控人员

C. 运维人员

D. 工作票签发人

答案：A

【判断题】工作负责人在带电作业开始前，应与值班调控人员或运维人员联系。

答案：正确

9.1.5 带电作业应在良好天气下进行，作业前须进行风速和湿度测量。风力大于 5 级，或湿度大于 80% 时，不宜带电作业。若遇雷电、雪、雹、雨、雾等不良天气，禁止带电作业。

带电作业过程中若遇天气突然变化，有可能危及人身及设备安全时，应立即停止工作，撤离人员，恢复设备正常状况，或采取临时安全措施。

【单选题】风力大于（　　　）级，或湿度大于 80% 时，不宜带电作业。

A. 5　　　　　B. 6　　　　　C. 4　　　　　D. 3

答案：A

【单选题】风力大于 5 级，或湿度大于（　　　）时，不宜带电作业。

A. 60%　　　　B. 70%　　　　C. 80%　　　　D. 90%

答案：C

【多选题】带电作业应在良好天气下进行，作业前须进行（　　　）测量。

A. 风速　　　B. 湿度　　　C. 温度　　　D. 气压

答案：AB

【多选题】带电作业过程中若遇天气突然变化，有可能危及人身及设备安全时，应立即（　　　）。

A. 停止工作　　　　　　　B. 撤离人员

C. 恢复设备正常状况　　　D. 或采取临时安全措施

答案：ABCD

【判断题】若遇雷电、雪、雹、雨、雾等不良天气，禁止带电作业。

答案：正确

9.1.6 带电作业项目，应勘察配电线路是否符合带电作业条件、同杆（塔）架设线路及其方位和电气间距、作业现场条件和环境及其他影响作业的危险点，并根据勘察结果确定带电作业方法、所需工具以及应采取的措施。

【多选题】带电作业项目，应勘察配电线路（　　　），并根据勘察结果确定带电作业方法、所需工具以及应采取的措施。

A. 是否符合带电作业条件

B. 同杆（塔）架设线路及其方位和电气间距

C. 作业现场条件和环境

D. 其他影响作业的危险点

答案：ABCD

9.1.7 带电作业新项目和研制的新工具，应进行试验论证，确认安全可靠，并制定出相应的操作工艺方案和安全技术措施，经本单位批准后，方可使用。

【多选题】带电作业新项目和研制的新工具，应进行试验论证，确认安全可靠，并制定出相应的（　　　），经本单位批准后，方可使用。

A. 操作工艺方案　　　　　B. 使用说明书

C. 技术规程　　　　　　　D. 安全技术措施

答案：AD

【判断题】带电作业新项目和研制的新工具，应进行理论论证，确认安全可靠，并制定出相应的操作工艺方案和安全技术措施，经本单位批准后，方可使用。

答案：错误

9.2 安全技术措施。

9.2.1 高压配电线路不得进行等电位作业。

【单选题】高压配电线路不得进行（　　　）作业。

A. 中间电位　　　　　　　　B. 等电位

C. 地电位　　　　　　　　　D. 带电

答案：B

【判断题】高压配电线路不得进行地电位作业。

答案：错误

9.2.2 在带电作业过程中，若线路突然停电，作业人员应视线路仍然带电。工作负责人应尽快与调度控制中心或设备运维管理单位联系，值班调控人员或运维人员未与工作负责人取得联系前不得强送电。

【判断题】在带电作业过程中，若线路突然停电，作业人员应视线路仍然带电。

答案：正确

【判断题】在带电作业过程中，若线路突然停电，值班调控人员或运维人员未与工作负责人取得联系前不得强送电。

答案：正确

9.2.3 在带电作业过程中，工作负责人发现或获知相关设备发生故障，应立即停止工作，撤离人员，并立即与值班调控人员或运维人员取得联系。值班调控人员或运维人员发现相关设备故障，应立即通知工作负责人。

【单选题】在带电作业过程中，值班调控人员或运维人员发现相关设备故障，应立即通知（　　　）。

A. 工作票签发人　　　　　　B. 工作许可人

C. 工作监护人　　　　　　　D. 工作负责人

答案：D

【多选题】在带电作业过程中，工作负责人发现或获知相关设备发生故障，应（　　　）。

A. 立即停止工作

B. 撤离人员

C. 报告上级

D. 立即与值班调控人员或运维人员取得联系

答案：ABD

9.2.4 带电作业期间，与作业线路有联系的馈线需倒闸操作的，应征得工作负责人的同意，并待带电作业人员撤离带电部位后方可进行。

【单选题】带电作业期间，与作业线路有联系的馈线需倒闸操作的，应征得（　　　）的同意，并待带电作业人员撤离带电部位后方可进行。

A. 调度　　　　　　　　　B. 工作监护人

C. 工作负责人　　　　　　D. 工作许可人

答案：C

【判断题】带电作业期间，与作业线路有联系的馈线需倒闸操作的，应征得调度的同意，并待带电作业人员撤离带电部位后方可进行。

答案：错误

9.2.5 带电作业有下列情况之一者，应停用重合闸，并不得强送电：

（1）中性点有效接地的系统中有可能引起单相接地的作业。

（2）中性点非有效接地的系统中有可能引起相间短路的作业。

（3）工作票签发人或工作负责人认为需要停用重合闸的作业。

禁止约时停用或恢复重合闸。

【问答题】带电作业有哪些情况者，应停用重合闸，并不得强送电？

答案：（1）中性点有效接地的系统中有可能引起单相接地的作业。

（2）中性点非有效接地的系统中有可能引起相间短路的作业。

（3）工作票签发人或工作负责人认为需要停用重合闸的作业。禁止约时停用或恢复重合闸。

9.2.6 带电作业，应穿戴绝缘防护用具（绝缘服或绝缘披肩、绝缘袖套、绝缘手套、绝缘鞋、绝缘安全帽等）。带电断、接引线作业应戴护目镜，使用的安全带应有良好的绝缘性能。

带电作业过程中，禁止摘下绝缘防护用具。

【多选题】带电作业，应穿戴绝缘防护用具包括（　　）。

A. 绝缘服或绝缘披肩、绝缘袖套

B. 绝缘手套、绝缘鞋

C. 绝缘安全帽

D. 绝缘梯

答案：ABC

【判断题】带电断、接引线作业应戴护目镜，使用的安全带应有良好的绝缘性能。

答案：正确

9.2.7 对作业中可能触及的其他带电体及无法满足安全距离的接地体（导线支承件、金属紧固件、横担、拉线等）应采取绝缘遮蔽措施。

【单选题】对作业中可能触及的其他带电体及无法满足安全距离的接地体（导线支承件、金属紧固件、横担、拉线等）应采取（　　）。

A. 作业人员防护措施　　　　B. 绝缘遮蔽措施

C. 拆除措施　　　　　　　　D. 隔离措施

答案：B

9.2.8 作业区域带电体、绝缘子等应采取相间、相对地的绝缘隔离（遮蔽）措施。禁止同时接触两个非连通的带电体或同时接触带电体与接地体。

【单选题】作业区域带电体、绝缘子等应采取相间、相对地的绝缘隔离（遮蔽）措施。禁止同时接触两个非连通的带电体或同时接触带电体与（　　）。

A. 导电体　　B. 绝缘子　　C. 接地体　　D. 工器具

答案：C

【判断题】作业区域带电体、绝缘子等应采取相间、相对地的绝缘隔离（遮蔽）措施。禁止同时接触两个连通的带电体或同时接触带电体与接地体。

答案：错误

9.2.9 在配电线路上采用绝缘杆作业法时，人体与带电体的最小距离不得小于表 3–2 的规定，此距离不包括人体活动范围。

【判断题】在配电线路上采用绝缘杆作业法时，人体与带电体的最小距离不得小于表 3–2 的规定，此距离包括人体活动范围。

答案：错误

9.2.10 绝缘操作杆、绝缘承力工具和绝缘绳索的有效绝缘长度不得小于表 9–1 的规定。

表 9–1　　　　　　　绝缘工具最小有效绝缘长度

电压等级（kV）	有效绝缘长度（m）	
	绝缘操作杆	绝缘承力工具、绝缘绳索
10	0.7	0.4
20	0.8	0.5

【单选题】10kV 绝缘操作杆最小有效绝缘长度为（　　）m。

A. 0.7　　B. 0.4　　C. 0.8　　D. 0.5

答案：A

9.2.11 带电作业时不得使用非绝缘绳索（如棉纱绳、白棕绳、钢丝绳等）。

【判断题】带电作业时不得使用非绝缘绳索（如棉纱绳、白棕绳、钢丝绳等）。

答案：正确

9.2.12　更换绝缘子、移动或开断导线的作业，应有防止导线脱落的后备保护措施。开断导线时不得两相及以上同时进行，开断后应及时对开断的导线端部采取绝缘包裹等遮蔽措施。

【单选题】更换绝缘子、移动或开断导线的作业，应有防止（　　）的后备保护措施。开断导线时不得两相及以上同时进行，开断后应及时对开断的导线端部采取绝缘包裹等遮蔽措施。

A. 导线脱落　　　　　　　　B. 导线断裂

C. 导线断股　　　　　　　　D. 导线移动

答案：A

【判断题】更换绝缘子、移动或开断导线的作业，应有防止导线脱落的后备保护措施。开断导线时可以两相及以上同时进行，开断后应及时对开断的导线端部采取绝缘包裹等遮蔽措施。

答案：错误

9.2.13　在跨越处下方或邻近有电线路或其他弱电线路的档内进行带电架、拆线的工作，应制定可靠的安全技术措施，经本单位批准后，方可进行。

【判断题】在跨越处上方或邻近有电线路或其他弱电线路的档内进行带电架、拆线的工作，应制定可靠的安全技术措施，经本单位批准后，方可进行。

答案：错误

9.2.14　斗上双人带电作业，禁止同时在不同相或不同电位作业。

【判断题】斗上双人带电作业，禁止同时在不同相或不同电位作业。

答案：正确

9.2.15　禁止地电位作业人员直接向进入电场的作业人员传递非绝缘物件。上、下传递工具、材料均应使用绝缘绳绑扎，严禁抛掷。

【单选题】禁止地电位作业人员直接向进入电场的作业人员传递非绝缘物件。上、下传递工具、材料均应使用（　　）绑扎，严禁抛掷。

A. 钢丝　　　　B. 扎带　　　　C. 绝缘绳　　　D. 白布带

答案：C

【判断题】禁止地电位作业人员直接向进入电场的作业人员传递绝缘物件。

答案：错误

9.2.16　作业人员进行换相工作转移前，应得到监护人的同意。

【单选题】作业人员进行换相工作转移前，应得到（　　）的同意。

A. 工作负责人　　　　　　B. 工作许可人

C. 调度　　　　　　　　　D. 监护人

答案：D

9.2.17　带电、停电配合作业的项目，当带电、停电作业工序转换时，双方工作负责人应进行安全技术交接，确认无误后，方可开始工作。

【单选题】带电、停电配合作业的项目，当带电、停电作业工序转换时，双方工作负责人应进行（　　），确认无误后，方可开始工作。

A. 口头交代　　　　　　　B. 安全技术交接

C. 任务交接　　　　　　　D. 签字确认

答案：B

9.3　带电断、接引线。

9.3.1　禁止带负荷断、接引线。

【单选题】禁止（　　）断、接引线。

A. 带负荷　　　B. 带电　　　C. 停电　　　D. 无负荷

答案：A

【判断题】 禁止带负荷断、接引线。

答案：正确

9.3.2 禁止用断、接空载线路的方法使两电源解列或并列。

【判断题】 禁止用断、接空载线路的方法使两电源解列或并列。

答案：正确

9.3.3 带电断、接空载线路时，应确认后端所有断路器（开关）、隔离开关（刀闸）已断开，变压器、电压互感器已退出运行。

【判断题】 带电断、接空载线路时，应确认后端所有断路器（开关）、隔离开关（刀闸）已合上，变压器、电压互感器已退出运行。

答案：错误

9.3.4 带电断、接空载线路所接引线长度应适当，与周围接地构件、不同相带电体应有足够安全距离，连接应牢固可靠。断、接时应有防止引线摆动的措施。

【单选题】 带电断、接空载线路所接引线长度应适当，与周围接地构件、不同相带电体应有足够安全距离，连接应牢固可靠。断、接时应有防止（　　　　）的措施。

A. 引线断裂　　　　　　　　B. 引线脱落

C. 引线移动　　　　　　　　D. 引线摆动

答案：D

【多选题】 带电断、接空载线路所接引线长度应适当，与（　　　　）应有足够安全距离，连接应牢固可靠。

A. 周围接地构件　　　　　　B. 带电线路

C. 作业人员　　　　　　　　D. 不同相带电体

答案：AD

9.3.5 带电接引线时未接通相的导线、带电断引线时已断开相的导线，应在采取防感应电措施后方可触及。

【单选题】 带电接引线时未接通相的导线、带电断引线时已断开相的导线，应在采取（　　）后方可触及。

A. 防感应电措施　　　　　　　B. 绝缘隔离措施

C. 防坠落措施　　　　　　　　D. 断电措施

答案：A

【判断题】带电接引线时未接通相的导线、带电断引线时已断开相的导线，应在采取隔离措施后方可触及。

答案：错误

9.3.6 带电断、接空载线路时，作业人员应戴护目镜，并采取消弧措施。消弧工具的断流能力应与被断、接的空载线路电压等级及电容电流相适应。若使用消弧绳，则其断、接的空载线路的长度应小于50km（10kV）、30km（20kV），且作业人员与断开点应保持4m以上的距离。

【单选题】带电断、接空载线路时，作业人员应戴护目镜，并采取（　　　）。

A. 防感应电措施　　　　　　　B. 绝缘隔离措施

C. 防护措施　　　　　　　　　D. 消弧措施

答案：D

【单选题】带电断、接空载线路时，作业人员应戴护目镜，并采取消弧措施。消弧工具的断流能力应与被断、接的空载线路电压等级及（　　　）相适应。

A. 电感电流　　　　　　　　　B. 电容电流

C. 空载电流　　　　　　　　　D. 开断电流

答案：B

【单选题】带电断、接空载线路时，作业人员应戴护目镜，并采取消弧措施。消弧工具的断流能力应与被断、接的空载线路电压等级及电容电流相适应。若使用消弧绳，则其断、接的空载线路的长度应小于50km（10kV）、30km（20kV），且作业人员与断开点应保持（　　　）m以上的距离。

A. 2　　　　　　B. 3　　　　　　C. 4　　　　　　D. 5

答案：C

9.3.7 带电断、接架空线路与空载电缆线路的连接引线应采取消弧措施，不得直接带电断、接。断、接电缆引线前应检查相序并做好标志。10kV 空载电缆长度不宜大于 3km。当空载电缆电容电流大于 0.1A 时，应使用消弧开关进行操作。

【单选题】带电断、接电缆引线前应（　　　　）。

A. 检查相序并做好标志　　　B. 检查相序

C. 做好标志　　　　　　　　D. 设置专责监护人

答案：A

【单选题】带电断、接架空线路与空载电缆线路的连接引线应采取消弧措施，不得直接带电断、接。断、接电缆引线前应检查相序并做好标志。10kV 空载电缆长度不宜大于（　　　　）km。

A. 2　　　　　B. 3　　　　　C. 4　　　　　D. 5

答案：B

【单选题】带电断、接架空线路与空载电缆线路的连接引线应采取消弧措施，不得直接带电断、接。断、接电缆引线前应检查相序并做好标志。10kV 空载电缆长度不宜大于 3km。当空载电缆电容电流大于（　　　　）A 时，应使用消弧开关进行操作。

A. 0.1　　　　B. 0.2　　　　C. 0.5　　　　D. 1

答案：A

【判断题】带电断、接架空线路与空载电缆线路的连接引线应采取消弧措施，不得直接带电断、接。

答案：正确

9.3.8 带电断开架空线路与空载电缆线路的连接引线之前，应检查电缆所连接的开关设备状态，确认电缆空载。

【单选题】带电断开架空线路与空载电缆线路的连接引线之前，应检查电缆所连接的（　　　　），确认电缆空载。

A. 架空线路状态　　　　　　B. 开关设备状态

C. 互感器状态　　　　　　　D. 设备状态

答案：B

【判断题】带电断开架空线路与空载电缆线路的连接引线之前，应检查电缆所连接的开关设备状态，确认电缆不带电。

答案：错误

9.3.9 带电接入架空线路与空载电缆线路的连接引线之前，应确认电缆线路试验合格，对侧电缆终端连接完好，接地已拆除，并与负荷设备断开。

【多选题】带电接入架空线路与空载电缆线路的连接引线之前，应确认（　　），并与负荷设备断开。

A. 电缆线路试验合格　　　B. 架空线路空载

C. 对侧电缆终端连接完好　D. 接地已拆除

答案：ACD

9.4 带电短接设备。

9.4.1 用绝缘分流线或旁路电缆短接设备时，短接前应核对相位，载流设备应处于正常通流或合闸位置。断路器（开关）应取下跳闸回路熔断器，锁死跳闸机构。

【多选题】用绝缘分流线或旁路电缆短接设备时，短接前（　　）。

A. 应核对相位

B. 载流设备应处于正常通流或合闸位置

C. 断路器（开关）应取下跳闸回路熔断器

D. 断路器（开关）应锁死跳闸机构

答案：ABCD

【判断题】用绝缘分流线或旁路电缆短接设备时，短接前应核对相位，载流设备应处于断开状态。

答案：错误

9.4.2 短接开关设备的绝缘分流线截面积和两端线夹的载流容量，应满足最大负荷电流的要求。

【单选题】带电短接设备时，短接开关设备的绝缘分流线截面积和两端线夹的载流容量，应满足（　　　）的要求。

A. 最大负荷电流　　　　　B. 额定开断电流

C. 最大短路电流　　　　　D. 开断容量

答案：A

【判断题】带电短接设备时，短接开关设备的绝缘分流线截面积和两端线夹的载流容量，应满足最大允许电流的要求。

答案：错误

9.4.3　带负荷更换高压隔离开关（刀闸）、跌落式熔断器，安装绝缘分流线时应有防止高压隔离开关（刀闸）、跌落式熔断器意外断开的措施。

【多选题】带负荷更换高压隔离开关（刀闸）、跌落式熔断器，安装绝缘分流线时应有防止（　　　）的措施。

A. 跌落式熔断器意外合上

B. 高压隔离开关（刀闸）意外合上

C. 高压隔离开关（刀闸）意外断开

D. 跌落式熔断器意外断开

答案：CD

9.4.4　绝缘分流线或旁路电缆两端连接完毕且遮蔽完好后，应检测通流情况正常。

【单选题】带电短接设备时，绝缘分流线或旁路电缆两端连接完毕且遮蔽完好后，应检测（　　　）正常。

A. 绝缘情况　　　　　　　B. 连接情况

C. 通流情况　　　　　　　D. 电压情况

答案：C

【判断题】带电短接设备时，绝缘分流线或旁路电缆两端连接完毕且遮蔽完好后，应检测通流情况正常。

答案：正确

9.4.5　短接故障线路、设备前，应确认故障已隔离。

【单选题】短接故障线路、设备前，应确认故障已（　　　）。

A. 消除   B. 隔离   C. 处理   D. 屏蔽

答案：B

9.5 高压电缆旁路作业。

9.5.1 采用旁路作业方式进行电缆线路不停电作业时，旁路电缆两侧的环网柜等设备均应带断路器（开关），并预留备用间隔。负荷电流应小于旁路系统额定电流。

【单选题】采用旁路作业方式进行电缆线路不停电作业时，旁路电缆两侧的环网柜等设备均应带（   ），并预留备用间隔。负荷电流应小于旁路系统额定电流。

A. 断路器（开关）   B. 隔离开关
C. 接地刀闸   D. 接地线

答案：A

【单选题】采用旁路作业方式进行电缆线路不停电作业时，旁路电缆两侧的环网柜等设备均应带断路器（开关），并预留备用间隔。负荷电流应（   ）旁路系统额定电流。

A. 大于   B. 等于   C. 小于   D. 不小于

答案：C

【判断题】采用旁路作业方式进行电缆线路不停电作业时，旁路电缆两侧的环网柜等设备均应带断路器（开关），并预留备用间隔。

答案：正确

9.5.2 旁路电缆终端与环网柜（分支箱）连接前应进行外观检查，绝缘部件表面应清洁、干燥，无绝缘缺陷，并确认环网柜（分支箱）柜体可靠接地；若选用螺栓式旁路电缆终端，应确认接入间隔的断路器（开关）已断开并接地。

【多选题】高压电缆旁路作业，旁路电缆终端与环网柜（分支箱）连接前应进行外观检查，绝缘部件表面应（   ），并确认环网柜（分支箱）柜体可靠接地。

A. 清洁   B. 干燥

C. 无绝缘缺陷   D. 光滑

答案：ABC

9.5.3 电缆旁路作业，旁路电缆屏蔽层应在两终端处引出并可靠接地，接地线的截面积不宜小于 25mm²。

【单选题】电缆旁路作业，旁路电缆屏蔽层应在两终端处引出并可靠接地，接地线的截面积不宜小于（   ）mm²。

A. 15   B. 20   C. 25   D. 30

答案：C

9.5.4 采用旁路作业方式进行电缆线路不停电作业前，应确认两侧备用间隔断路器（开关）及旁路断路器（开关）均在断开状态。

【单选题】采用旁路作业方式进行电缆线路不停电作业前，应确认两侧备用间隔断路器（开关）及旁路断路器（开关）均在（   ）状态。

A. 运行   B. 断开   C. 合闸   D. 冷备用

答案：B

【判断题】采用旁路作业方式进行电缆线路不停电作业前，应确认两侧备用间隔断路器（开关）及旁路断路器（开关）均在合闸状态。

答案：错误

9.5.5 旁路电缆使用前应进行试验，试验后应充分放电。

【单选题】旁路电缆使用前应进行试验，试验后应（   ）。

A. 接地   B. 短路
C. 充分放电   D. 立即放电

答案：C

9.5.6 旁路电缆安装完毕后，应设置安全围栏和"止步，高压危险！"标示牌，防止旁路电缆受损或行人靠近旁路电缆。

【单选题】旁路电缆安装完毕后，应设置（   ）和"止步，高压危险！"标示牌，防止旁路电缆受损或行人靠近旁路电缆。

A. 警示标志   B. 明显标示

C. 安全围栏   D. 隔离措施

答案：C

9.6 带电立、撤杆。

9.6.1 作业前，应检查作业点两侧电杆、导线及其他带电设备是否固定牢靠，必要时应采取加固措施。

【判断题】带电立、撤杆作业前，应检查作业点电杆、导线及其他带电设备是否固定牢靠，必要时应采取加固措施。

答案：错误

9.6.2 作业时，杆根作业人员应穿绝缘靴、戴绝缘手套，起重设备操作人员应穿绝缘靴。起重设备操作人员在作业过程中不得离开操作位置。

【单选题】带电立、撤杆作业时，杆根作业人员应穿绝缘靴、戴绝缘手套，起重设备操作人员应（   ）。起重设备操作人员在作业过程中不得离开操作位置。

A. 带护目镜   B. 穿绝缘靴

C. 穿绝缘鞋   D. 戴绝缘手套

答案：B

【多选题】带电立、撤杆作业时，杆根作业人员应（   ），起重设备操作人员应穿绝缘靴。起重设备操作人员在作业过程中不得离开操作位置。

A. 带护目镜   B. 穿绝缘靴

C. 穿绝缘鞋   D. 戴绝缘手套

答案：BD

9.6.3 立、撤杆时，起重工器具、电杆与带电设备应始终保持有效的绝缘遮蔽或隔离措施，并有防止起重工器具、电杆等的绝缘防护及遮蔽器具绝缘损坏或脱落的措施。

【单选题】带电立、撤杆时，起重工器具、电杆与带电设备应始终保持有效的（   ）或隔离措施，并有防止起重工器具、电杆等的绝缘防护及遮蔽器具绝缘损坏或脱落的措施。

A. 安全距离　　　　　　B. 穿绝缘靴

C. 绝缘遮蔽　　　　　　D. 戴绝缘手套

答案：C

9.6.4 立、撤杆时，应使用足够强度的绝缘绳索作拉绳，控制电杆的起立方向。

【单选题】带电立、撤杆时，应使用足够强度的（　　　）作拉绳，控制电杆的起立方向。

A. 钢丝绳　　　　　　　B. 绝缘绳索

C. 尼龙绳　　　　　　　D. 非绝缘绳索

答案：B

9.7 使用绝缘斗臂车的作业。

9.7.1 绝缘斗臂车应根据 DL/T 854《带电作业用绝缘斗臂车的保养维护及在使用中的试验》定期检查。

【判断题】绝缘斗臂车应根据 DL/T 854《带电作业用绝缘斗臂车的保养维护及在使用中的试验》定期检查。

答案：正确

9.7.2 绝缘臂的有效绝缘长度应大于 1.0m（10kV）、1.2m（20kV），下端宜装设泄漏电流监测报警装置。

【单选题】绝缘斗臂车绝缘臂的有效绝缘长度应大于（　　　）m（10kV）、1.2m（20kV），下端宜装设泄漏电流监测报警装置。

A. 0.8　　　B. 1.0　　　C. 1.2　　　D. 1.5

答案：B

【单选题】绝缘斗臂车绝缘臂的有效绝缘长度应大于 1.0m（10kV）、（　　　）m（20kV），下端宜装设泄漏电流监测报警装置。

A. 0.8　　　B. 1.0　　　C. 1.2　　　D. 1.5

答案：C

9.7.3 禁止绝缘斗超载工作。

【判断题】禁止绝缘斗超载工作。

答案：正确

9.7.4 绝缘斗臂车操作人员应服从工作负责人的指挥，作业时应注意周围环境及操作速度。在工作过程中，绝缘斗臂车的发动机不得熄火（电能驱动型除外）。接近和离开带电部位时，应由绝缘斗中人员操作，下部操作人员不得离开操作台。

【单选题】绝缘斗臂车操作人员应服从工作负责人的指挥，作业时应注意周围环境及（　　　）。

A. 操作频率　　　　　　B. 操作速度

C. 操作方法　　　　　　D. 操作强度

答案：B

【单选题】在工作过程中，绝缘斗臂车的发动机不得熄火（电能驱动型除外）。接近和离开带电部位时，应由（　　　）人员操作，下部操作人员不得离开操作台。

A. 下部　　　　　　　　B. 操作台

C. 绝缘斗中　　　　　　D. 非工作

答案：C

9.7.5 绝缘斗臂车应选择适当的工作位置，支撑应稳固可靠；机身倾斜度不得超过制造厂的规定，必要时应有防倾覆措施。

【单选题】绝缘斗臂车应选择适当的工作位置，支撑应稳固可靠；机身倾斜度不得超过（　　　）的规定，必要时应有防倾覆措施。

A. 有关技术　　　　　　B. 安全规程

C. 操作技术　　　　　　D. 制造厂

答案：D

【判断题】绝缘斗臂车应选择适当的工作位置，支撑应稳固可靠；机身倾斜度不得超过有关技术规定，必要时应有防倾覆措施。

答案：错误

9.7.6 绝缘斗臂车使用前应在预定位置空斗试操作一次，确认液压传动、回转、升降、伸缩系统工作正常、操作灵活，制动装置可靠。

【单选题】绝缘斗臂车使用前应在预定位置（　　）试操作一次，确认液压传动、回转、升降、伸缩系统工作正常、操作灵活，制动装置可靠。

A. 空斗　　　B. 载人　　　C. 模拟　　　D. 正式

答案：A

【判断题】绝缘斗臂车使用前应在预定位置空斗试操作一次，确认液压传动、回转、升降、伸缩系统工作正常、操作灵活，制动装置可靠。

答案：正确

9.7.7　绝缘斗臂车的金属部分在仰起、回转运动中，与带电体间的安全距离不得小于 0.9m（10kV）、1.0m（20kV）。工作中车体应使用不小于 16mm^2 的软铜线良好接地。

【单选题】绝缘斗臂车的金属部分在仰起、回转运动中，与带电体间的安全距离不得小于（　　）m（10kV）、1.0m（20kV）。

A. 0.9　　　B. 1.0　　　C. 1.2　　　D. 1.5

答案：A

【单选题】绝缘斗臂车的金属部分在仰起、回转运动中，与带电体间的安全距离不得小于 0.9m（10kV）、（　　）m（20kV）。

A. 0.9　　　B. 1.0　　　C. 1.2　　　D. 1.5

答案：B

【单选题】绝缘斗臂车的金属部分在仰起、回转运动中，与带电体间的安全距离不得小于 0.9m（10kV）、1.0m（20kV）。工作中车体应使用不小于（　　）mm^2 的软铜线良好接地。

A. 12　　　B. 16　　　C. 20　　　D. 25

答案：B

9.8　带电作业工器具的保管、使用和试验。

9.8.1　带电作业工具存放应符合 DL/T 974《带电作业用工具库房》的要求。

9.8.2　带电作业工具的使用。

9.8.2.1 带电作业工具应绝缘良好、连接牢固、转动灵活，并按厂家使用说明书、现场操作规程正确使用。

【多选题】带电作业工具应（　　　），并按厂家使用说明书、现场操作规程正确使用。

A. 绝缘良好　　　　　　　　B. 连接牢固

C. 转动灵活　　　　　　　　D. 表面光滑

答案：ABC

9.8.2.2 带电作业工具使用前应根据工作负荷校核机械强度，并满足规定的安全系数。

【单选题】带电作业工具使用前应根据（　　　）校核机械强度，并满足规定的安全系数。

A. 使用要求　　　　　　　　B. 工作负荷

C. 使用状态　　　　　　　　D. 工作强度

答案：B

9.8.2.3 运输过程中，带电绝缘工具应装在专用工具袋、工具箱或专用工具车内，以防受潮和损伤。发现绝缘工具受潮或表面损伤、脏污时，应及时处理并经试验或检测合格后方可使用。

【多选题】运输过程中，带电绝缘工具应装在专用工具袋、工具箱或专用工具车内，以防（　　　）。发现绝缘工具受潮或表面损伤、脏污时，应及时处理并经试验或检测合格后方可使用。

A. 受潮　　　B. 损伤　　　C. 丢失　　　D. 晃动

答案：AB

9.8.2.4 进入作业现场应将使用的带电作业工具放置在防潮的帆布或绝缘垫上，以防脏污和受潮。

【单选题】进入作业现场应将使用的带电作业工具放置在（　　　）或绝缘垫上。

A. 干燥的地面　　　　　　　B. 防潮的帆布

C. 彩条布　　　　　　　　　D. 纯棉布

答案：B

9.8.2.5 禁止使用有损坏、受潮、变形或失灵的带电作业装备、工具。操作绝缘工具时应戴清洁、干燥的手套。

【多选题】禁止使用有（　　　）的带电作业装备、工具。

A. 受潮　　　　B. 损坏　　　　C. 变形　　　　D. 失灵

答案：ABCD

9.8.3 带电作业工器具试验应符合 DL/T 976《带电作业工具、装置和设备预防性试验规程》的要求。

9.8.4 带电作业遮蔽和防护用具试验应符合 GB/T 18857《配电线路带作业技术导则》的要求。

10 二次系统工作

10.1 一般要求。

10.1.1 工作人员在现场工作过程中，凡遇到异常情况（如直流系统接地等）或断路器（开关）跳闸时，不论是否与本工作有关，都应立即停止工作，保持现状，待查明原因，确认与本工作无关时方可继续工作；若异常情况或断路器（开关）跳闸是本工作所引起，应保留现场并立即通知运维人员。

【单选题】工作人员在现场工作过程中，凡遇到异常情况（如直流系统接地等）或断路器（开关）跳闸时，不论是否与本工作有关，都应立即（   ），保持现状。

A. 停止工作　　　　　　　　B. 报告运维人员

C. 报告领导　　　　　　　　D. 报告调控人员

答案：A

【单选题】工作人员在现场工作过程中，凡遇到异常情况（如直流系统接地等）或断路器（开关）跳闸时是本工作所引起，应保留现场并立即通知（   ）。

A. 工作负责人　　　　　　　B. 专业管理人员

C. 运维人员　　　　　　　　D. 专责监护人

答案：C

10.1.2 继电保护装置、配电自动化装置、安全自动装置和仪表、自动化监控系统的二次回路变动时，应及时更改图纸，并按经审批后的图纸进行，工作前应隔离无用的接线，防止误拆或产生寄生回路。

【单选题】继电保护装置、配电自动化装置、安全自动装置和仪表、自动化监控系统的二次回路变动时，应及时更改图纸，并按（   ）的图纸进行，工作前应隔离无用的接线，防止误拆或产生寄生回路。

    A. 改动后   B. 改动前   C. 经审批后 D. 原设计

答案：C

【多选题】（   ）的二次回路变动时，应及时更改图纸，并按经审批后的图纸进行。

    A. 继电保护装置   B. 配电自动化装置

    C. 安全自动装置和仪表   D. 自动化监控系统

答案：ABCD

10.1.3   二次设备箱体应可靠接地且接地电阻应满足要求。

【判断题】二次设备箱体应可靠接地且接地电阻应满足要求。

答案：正确

10.2   电流互感器和电压互感器工作。

10.2.1   电流互感器和电压互感器的二次绕组应有一点且仅有一点永久性的、可靠的保护接地。工作中，禁止将回路的永久接地点断开。

【单选题】电流互感器和电压互感器的二次绕组应有（   ）永久性的、可靠的保护接地。

    A. 一点且仅有一点   B. 两点

    C. 多点   D. 至少一点

答案：A

【多选题】（   ）的二次绕组应有一点且仅有一点永久性的、可靠的保护接地。工作中，禁止将回路的永久接地点断开。

    A. 电流互感器   B. 电压互感器

    C. 继电保护装置   D. 配电自动化装置

答案：AB

10.2.2   在带电的电流互感器二次回路上工作，应采取措施防止电流互感器二次侧开路。短路电流互感器二次绕组，应使用短路片或短路线，禁止用导线缠绕。

【判断题】在带电的电流互感器二次回路上工作，应采取措施防止电流互感器二次侧短路。

答案：错误

10.2.3 在带电的电压互感器二次回路上工作,应采取措施防止电压互感器二次侧短路或接地。接临时负载,应装设专用的刀闸和熔断器。

【单选题】在带电的电压互感器二次回路上工作,应采取措施防止电压互感器二次侧（   ）。接临时负载,应装设专用的刀闸和熔断器。

A. 短路或接地　　　　　B. 短路并接地

C. 开路　　　　　　　　D. 过载

答案：A

10.2.4 二次回路通电或耐压试验前,应通知运维人员和其他有关人员,并派专人到现场看守,检查二次回路及一次设备上确无人工作后,方可加压。

【多选题】二次回路通电或耐压试验前,应（   ）后,方可加压。

A. 通知调控人员

B. 通知运维人员和其他有关人员

C. 派专人到现场看守

D. 检查二次回路及一次设备上确无人工作

答案：BCD

【判断题】在二次回路通电前应通知运维人员,得到运维人员许可后即可加压。

答案：错误

10.2.5 电压互感器的二次回路通电试验时,应将二次回路断开,并取下电压互感器高压熔断器或拉开电压互感器一次刀闸,防止由二次侧向一次侧反送电。

【多选题】电压互感器的二次回路通电试验时,应（   ），防止由二次侧向一次侧反送电。

A. 将电压互感器送电

B. 取下电压互感器高压熔断器或拉开电压互感器一次刀闸

C. 将二次回路断开

D. 断开电压互感器二次侧永久性接地点

答案：BC

【判断题】电压互感器的二次回路通电试验时，应将二次回路断开，并取下电压互感器高压熔断器或拉开电压互感器一次刀闸，防止由一次侧向二次侧反送电。

答案：错误

10.3 现场检修。

10.3.1 现场工作开始前，应检查确认已做的安全措施符合要求、运行设备和检修设备之间的隔离措施正确完成。工作时，应仔细核对检修设备名称，严防走错位置。

【判断题】现场工作开始前，应检查确认已做的安全措施符合要求、运行设备和检修设备之间的隔离措施正确完成。工作时，应仔细核对检修设备名称，严防走错位置。

答案：正确

10.3.2 在全部或部分带电的运行屏（柜）上工作，应将检修设备与运行设备以明显的标志隔开。

【单选题】在全部或部分带电的运行屏（柜）上工作，应将检修设备与运行设备以（ ）隔开。

A. 红线   B. 明显的标志

C. 绝缘隔板   D. 布带

答案：B

10.3.3 作业人员在接触运用中的二次设备箱体前，应用低压验电器或测电笔确认其确无电压。

【单选题】作业人员在接触运用中的二次设备箱体前，应（ ）确认其确无电压。

A. 用高压验电器   B. 用低压验电器或测电笔

C. 以手触试　　　　　　　D. 看带电显示

答案：B

10.3.4 工作中，需临时停用有关保护装置、配电自动化装置、安全自动装置或自动化监控系统时，应向调度控制中心申请，经值班调控人员或运维人员同意，方可执行。

【单选题】工作中，需临时停用有关保护装置、配电自动化装置、安全自动装置或自动化监控系统时，应向调度控制中心申请，经（　　　）同意，方可执行。

A. 工作负责人　　　　　　B. 值班调控人员或运维人员

C. 工作票签发人　　　　　D. 专责监护人

答案：B

【多选题】工作中，需临时停用（　　　）时，应向调度控制中心申请，经值班调控人员或运维人员同意，方可执行。

A. 有关保护装置　　　　　B. 配电自动化装置

C. 安全自动装置　　　　　D. 自动化监控系统

答案：ABCD

10.3.5 在继电保护、配电自动化装置、安全自动装置和仪表及自动化监控系统屏间的通道上安放试验设备时，不能阻塞通道，要与运行设备保持一定距离，防止事故处理时通道不畅。搬运试验设备时应防止误碰运行设备，造成相关运行设备继电保护误动。清扫运行中的二次设备和二次回路时，应使用绝缘工具，并采取措施防止振动、误碰。

【单选题】在继电保护、配电自动化装置、安全自动装置和仪表及自动化监控系统屏间的通道上安放试验设备时，（　　　），要与运行设备保持一定距离，防止事故处理时通道不畅。

A. 不能堆放　　　　　　　B. 不能阻塞通道

C. 得到值班员同意　　　　D. 应放在指定地点

答案：B

【判断题】搬运试验设备时应防止误碰运行设备，造成相关运行设备继电保护误动。

答案：正确

【判断题】清扫运行中的二次设备和二次回路时，应使用防静电工具，并采取措施防止振动、误碰。

答案：错误

10.4　整组试验。

10.4.1　继电保护、配电自动化装置、安全自动装置及自动化监控系统做传动试验或一次通电或进行直流系统功能试验前，应通知运维人员和有关人员，并指派专人到现场监视后，方可进行。

【多选题】继电保护、配电自动化装置、安全自动装置及自动化监控系统做传动试验或一次通电或进行直流系统功能试验前，应（　　）后，方可进行。

A. 通知运维人员　　　　　　B. 通知有关人员

C. 通知工作票签发人　　　　D. 指派专人到现场监视

答案：ABD

【多选题】继电保护、配电自动化装置、安全自动装置及自动化监控系统（　　）前，应通知运维人员和有关人员，并指派专人到现场监视后，方可进行。

A. 做传动试验　　　　　　　B. 一次通电

C. 进行直流系统功能试验　　D. 校验

答案：ABC

10.4.2　检验继电保护、配电自动化装置、安全自动装置和仪表、自动化监控系统和仪表的工作人员，不得操作运行中的设备、信号系统、保护压板。在取得运维人员许可并在检修工作盘两侧开关把手上采取防误操作措施后，方可断、合检修断路器（开关）。

【多选题】检验继电保护、配电自动化装置、安全自动装置和仪表、自动化监控系统和仪表的工作人员，不得操作（　　）。

A. 运行中的设备　　　　　　B. 信号系统

C. 保护压板　　　　　　　　D. 试验仪器

答案：ABC

【判断题】检验继电保护、配电自动化装置的工作人员，可以操作运行中的设备、信号系统、保护压板。

答案：错误

【判断题】在取得运维人员许可并在检修工作盘两侧开关把手上采取防误操作措施后，方可断、合检修断路器（开关）。

答案：正确

11 高压试验与测量工作

11.1 一般要求。

11.1.1 高压试验不得少于两人，试验负责人应由有经验的人员担任。试验前，试验负责人应向全体试验人员交待工作中的安全注意事项，邻近间隔、线路设备的带电部位。

【单选题】高压试验不得少于两人，试验负责人应由（　　）担任。

A. 有试验资质人员　　　　B. 工作负责人

C. 班长　　　　　　　　　D. 有经验的人员

答案：D

【单选题】高压试验不得少于（　　），试验负责人应由有经验的人员担任。

A. 一人　　　　B. 两人　　　　C. 三人　　　　D. 四人

答案：B

【多选题】高压试验不得少于两人，试验负责人应由有经验的人员担任。试验前，试验负责人应向全体试验人员交待（　　）。

A. 工作中的安全注意事项

B. 邻近间隔的带电部位

C. 邻近线路设备的带电部位

D. 被试验设备带电情况

答案：ABC

11.1.2 直接接触设备的电气测量，应有人监护。测量时，人体与高压带电部位不得小于表 3–1 规定的安全距离。夜间测量，应有足够的照明。

【单选题】直接接触设备的电气测量，应（　　）。

A. 单独进行　　　　　　　B. 两人进行

C. 有人监护   D. 专人操作

答案：C

【单选题】直接接触设备的电气测量，应有人监护。测量时，人体与（   ）不得小于表 3-1 规定的安全距离。夜间测量，应有足够的照明。

A. 测量部位   B. 低压带电部位

C. 高压带电部位   D. 电气设备

答案：C

【判断题】直接接触设备的电气测量，可单人进行。

答案：错误

11.1.3　高压试验的试验装置和测量仪器应符合试验和测量的安全要求。

【判断题】高压试验的试验装置和测量仪器应符合试验和测量的安全要求。

答案：正确

11.1.4　测量工作一般在良好天气时进行。

【判断题】电气测量工作一般在良好天气时进行。

答案：正确

11.1.5　雷电时，禁止测量绝缘电阻及高压侧核相。

【判断题】雷电时，禁止测量绝缘电阻及高压侧核相。

答案：正确

【判断题】雷电时，在保证安全的情况下，可以测量绝缘电阻及高压侧核相。

答案：错误

11.2　高压试验。

11.2.1　配电线路和设备的高压试验应填用配电第一种工作票。在同一电气连接部分，许可高压试验工作票前，应将已许可的检修工作票全部收回，禁止再许可第二张工作票。

一张工作票中，同时有检修和试验时，试验前应得到工作负责人的同意。

【单选题】配电线路和设备的高压试验应填用（　　）。在同一电气连接部分，许可高压试验工作票前，应将已许可的检修工作票全部收回，禁止再许可第二张工作票。

A. 高压试验工作票　　　　B. 配电第一种工作票

C. 配电第二种工作票　　　　D. 带电作业工作票

答案：B

【单选题】一张工作票中，同时有检修和试验时，试验前应得到（　　）的同意。

A. 试验负责人　　　　B. 工作负责人

C. 调度同意　　　　D. 工作许可人

答案：B

11.2.2 因试验需要解开设备接头时，解开前应做好标记，重新连接后应检查。

【单选题】因试验需要解开设备接头时，解开前应（　　），重新连接后应检查。

A. 检查设备　　　　B. 做好标记

C. 落实监护人　　　　D. 做好记录

答案：B

11.2.3 试验装置的金属外壳应可靠接地；高压引线应尽量缩短，并采用专用的高压试验线，必要时用绝缘物支持牢固。

【单选题】试验装置的金属外壳应可靠接地；高压引线应尽量缩短，并采用（　　）高压试验线，必要时用绝缘物支持牢固。

A. 常见的　　　B. 普通的　　　C. 便携式　　　D. 专用的

答案：D

【判断题】试验装置的金属外壳应可靠接地；高压引线应尽量延长，并采用专用的高压试验线，必要时用绝缘物支持牢固。

答案：错误

11.2.4 试验装置的电源开关，应使用双极刀闸，并在刀刃或刀座上加绝缘罩，以防误合。试验装置的低压回路中应有两个串联电源开关，并装设过载自动跳闸装置。

【单选题】试验装置的电源开关，应使用（　　），并在刀刃或刀座上加绝缘罩，以防误合。

A. 单极刀闸　　　　　　B. 双极刀闸

C. 有过载保护的开关　　D. 电动开关

答案：B

【单选题】试验装置的低压回路中应有两个串联电源开关，并装设（　　）。

A. 过载自动跳闸装置　　B. 漏电保安器

C. 报警器　　　　　　　D. 熔断器

答案：A

11.2.5　试验现场应装设遮栏（围栏），遮栏（围栏）与试验设备高压部分应有足够的安全距离，向外悬挂"止步，高压危险！"标示牌。被试设备不在同一地点时，另一端还应设遮栏（围栏）并悬挂"止步，高压危险！"标示牌。

【判断题】试验现场应装设遮栏（围栏），遮栏（围栏）与试验设备高压部分应有足够的安全距离，向外悬挂"止步，高压危险！"标示牌。

答案：正确

【判断题】试验现场被试设备不在同一地点时，另一端还应设遮栏（围栏）并悬挂"在此工作！"标示牌。

答案：错误

11.2.6　试验应使用规范的短路线，加电压前应检查试验接线，确认表计倍率、量程、调压器零位及仪表的初始状态均正确无误后，通知所有人员离开被试设备，并取得试验负责人许可，方可加压。加压过程中应有人监护并呼唱，试验人员应随时警戒异常现象发生，操作人应站在绝缘垫上。

【单选题】试验应使用（　　）短路线，加电压前应检查试验接线，确认表计倍率、量程、调压器零位及仪表的初始状态均正确无误后，通知所有人员离开被试设备，并取得试验负责人许可，方可加压。

A. 铜质   B. 铝质

C. 规范的   D. 多股铜线作为

答案：C

【单选题】试验应使用规范的短路线，加电压前应检查试验接线，确认表计倍率、量程、调压器零位及仪表的初始状态均正确无误后，通知（　　）离开被试设备，并取得试验负责人许可，方可加压。

A. 所有人员   B. 试验人员

C. 无关人员   D. 工作人员

答案：A

11.2.7 变更接线或试验结束，应断开试验电源，并将升压设备的高压部分放电、短路接地。

【单选题】高压试验过程中，变更接线或试验结束，应断开试验电源，并将升压设备的高压部分（　　）。

A. 放电   B. 短路接地

C. 放电、短路   D. 放电、短路接地

答案：D

11.2.8 试验结束后，试验人员应拆除自装的接地线和短路线，检查被试设备，恢复试验前的状态，经试验负责人复查后，清理现场。

【单选题】试验结束后，试验人员应拆除（　　）接地线和短路线，检查被试设备，恢复试验前的状态，经试验负责人复查后，清理现场。

A. 所有的   B. 多余的   C. 自装的   D. 保护

答案：C

11.3 测量工作。

11.3.1 使用钳形电流表的测量工作。

11.3.1.1 高压回路上使用钳形电流表的测量工作，至少应两人进行。非运维人员测量时，应填用配电第二种工作票。

【单选题】高压回路上使用钳形电流表的测量工作，至少应两人进行。非运维人员测量时，应（　　）。

A. 填用配电第一种工作票

B. 填用配电第二种工作票

C. 填用配电带电作业工作票

D. 按口头或电话命令执行

答案：B

11.3.1.2 使用钳形电流表测量，应保证钳形电流表的电压等级与被测设备相符。

【单选题】使用钳形电流表测量，应保证钳形电流表的（　　）与被测设备相符。

A. 量程　　　B. 规格　　　C. 电压等级　D. 参数

答案：C

11.3.1.3 测量时应戴绝缘手套，穿绝缘鞋（靴）或站在绝缘垫上，不得触及其他设备，以防短路或接地。观测钳形电流表数据时，应注意保持头部与带电部分的安全距离。

【多选题】运维人员在高压回路上使用钳形电流表进行测量时，应采取的安全措施有（　　）。

A. 穿绝缘鞋（靴）或站在绝缘垫上

B. 戴绝缘手套

C. 不得触及其他设备

D. 观测钳形电流表数据时，应注意保持头部与带电部分的安全距离

答案：ABCD

11.3.1.4 在高压回路上测量时，禁止用导线从钳形电流表另接表计测量。

【判断题】在高压回路上测量时，可以用导线从钳形电流表另接表计测量。

答案：错误

11.3.1.5 测量时若需拆除遮栏（围栏），应在拆除遮栏（围栏）后立即进行。工作结束，应立即恢复遮栏（围栏）原状。

【判断题】使用钳形电流表测量时若需拆除遮栏（围栏），应在拆除遮栏（围栏）后立即进行。工作结束，应恢复遮栏（围栏）原状。

答案：错误

11.3.1.6 测量高压电缆各相电流，电缆头线间距离应大于300mm，且绝缘良好、测量方便。当有一相接地时，禁止测量。

【单选题】使用钳形电流表测量高压电缆各相电流，电缆头线间距离应大于（　　）mm，且绝缘良好、测量方便。当有一相接地时，禁止测量。

A. 100　　　　B. 200　　　　C. 300　　　　D. 500

答案：C

【判断题】测量高压电缆各相电流，电缆头线间距离应大于300mm，且绝缘良好、测量方便。当高压电缆有接地时，可采用钳形电流表测量电缆电流。

答案：错误

11.3.1.7 使用钳形电流表测量低压线路和配电变压器低压侧电流，应注意不触及其他带电部位，以防相间短路。

【判断题】使用钳形电流表测量低压线路和配电变压器低压侧电流，应注意不触及其他带电部位，以防接地短路。

答案：错误

11.3.2 使用绝缘电阻表测量绝缘电阻的工作。

11.3.2.1 测量绝缘电阻时，应断开被测设备所有可能来电的电源，验明无电压，确认设备无人工作后，方可进行。测量中禁止他人接近被测设备。测量绝缘电阻前后，应将被测设备对地放电。

【单选题】使用绝缘电阻表测量绝缘电阻时，应断开被测设备所有可能来电的电源，验明无电压，确认设备无人工作后，方可进行。测量中禁止他人（　　）。测量绝缘电阻前后，应将被测设备对地放电。

A. 接近被测设备　　　　B. 接触被测设备

C. 接触测试设备　　　　D. 接近测试设备

答案：A

【单选题】使用绝缘电阻表测量绝缘电阻前后，应将被测设备（　　）。

A. 对地放电　　　　　　B. 充电

C. 充、放电　　　　　　D. 短接

答案：A

11.3.2.2　测量用的导线应使用相应电压等级的绝缘导线，其端部应有绝缘套。

【单选题】绝缘电阻表测量用的导线应使用相应电压等级的绝缘导线，其端部应（　　）。

A. 有绝缘套　　　　　　B. 有标记

C. 用绝缘胶带绑扎　　　D. 带标签

答案：A

11.3.2.3　带电设备附近测量绝缘电阻，测量人员和绝缘电阻表安放的位置应与设备的带电部分保持安全距离。移动引线时，应加强监护，防止人员触电。

【单选题】带电设备附近测量绝缘电阻，（　　）应与设备的带电部分保持安全距离。移动引线时，应加强监护，防止人员触电。

A. 测量人员

B. 绝缘电阻表

C. 测量引线

D. 测量人员和绝缘电阻表安放的位置

答案：D

【单选题】带电设备附近测量绝缘电阻，移动引线时，应（　　），防止人员触电。

A. 加强监护　　　　　　　B. 将设备停电

C. 加挂临时接地　　　　　D. 采取隔离措施

答案：A

11.3.2.4　测量线路绝缘电阻时，应在取得许可并通知对侧后进行。在有感应电压的线路上测量绝缘电阻时，应将相关线路停电，方可进行。

【单选题】测量线路绝缘电阻时，应在取得许可并通知（　　）后进行。

A. 变电运维人员　　　　　B. 工作负责人

C. 监控人员　　　　　　　D. 对侧

答案：D

【判断题】在有感应电压的线路上测量绝缘电阻时，应采取可靠绝缘措施后方可进行。

答案：错误

11.3.3　核相工作。

11.3.3.1　核相工作应填用配电第二种工作票或操作票。

【单选题】核相工作应填用（　　）。

A. 配电第一种工作票

B. 带电作业工作票

C. 配电第二种工作票或操作票

D. 高压试验工作票

答案：C

【判断题】核相工作应填用配电第二种工作票或操作票。

答案：正确

11.3.3.2　高压侧核相应使用相应电压等级的核相器，并逐相进行。

【判断题】高压侧核相应使用相应电压等级的核相器，并逐相进行。

答案：正确

11.3.3.3 高压侧核相宜采用无线核相器。

【判断题】高压侧核相宜采用无线核相器。

答案：正确

11.3.3.4 二次侧核相时，应防止二次侧短路或接地。

【单选题】二次侧核相时，应防止二次侧（　　）。

A. 断开　　　　　　　　　B. 短路或接地

C. 开路　　　　　　　　　D. 通电

答案：B

【多选题】属于核相工作时应采取的安全措施有（　　）。

A. 核相工作应填用配电第二种工作票或操作票

B. 高压侧核相使用相应电压等级的核相器，并逐相进行

C. 观测数据时，应注意保持头部与高压带电部分的安全距离

D. 二次侧核相时，应防止二次侧短路或接地

答案：ABD

11.3.4 测量带电线路导线对地面、建筑物、树木的距离以及导线与导线的交叉跨越距离时，禁止使用普通绳索、线尺等非绝缘工具。

【判断题】测量带电线路导线对地面、建筑物、树木的距离以及导线与导线的交叉跨越距离时，禁止使用普通绳索、线尺等非绝缘工具。

答案：正确

11.3.5 测量杆塔、配电变压器和避雷器的接地电阻，若线路和设备带电，解开或恢复杆塔、配电变压器和避雷器的接地引线时，应戴绝缘手套。禁止直接接触与地断开的接地线。

系统有接地故障时，不得测量接地电阻。

【判断题】测量杆塔、配电变压器和避雷器的接地电阻，若

线路和设备带电，解开或恢复杆塔、配电变压器和避雷器的接地引线时，应戴绝缘手套。禁止直接接触与地断开的接地线。

答案：正确

【判断题】测量杆塔的接地电阻，若线路带电，在解开或恢复杆塔的接地引线时，应戴手套。禁止直接接触与地断开的接地线。

答案：错误

11.3.6 测量用的仪器、仪表应保存在干燥的室内。

【单选题】测量用的仪器、仪表应保存在（　　　）的室内。

A. 明亮　　　　B. 通风　　　　C. 干燥　　　　D. 阴凉

答案：C

12 电力电缆工作

12.1 一般要求。

12.1.1 工作前,应核对电力电缆标志牌的名称与工作票所填写的是否相符以及安全措施是否正确可靠。

【判断题】电力电缆工作前,应核对电力电缆标志牌的名称与工作票所填写的是否相符以及安全措施是否正确可靠。

答案: 正确

12.1.2 电力电缆的标志牌应与电网系统图、电缆走向图和电缆资料的名称一致。

【多选题】电力电缆的标志牌应与( )的名称一致。

A. 电网系统图　　　　　　　B. 电缆走向图

C. 电缆厂家　　　　　　　　D. 电缆资料

答案: ABD

12.1.3 电缆隧道应有充足的照明,并有防火、防水及通风措施。

【多选题】为保证在电缆隧道内施工作业安全,电缆隧道内应有( )。

A. 防火、防水措施　　　　　B. 充足的照明

C. 防毒面具　　　　　　　　D. 通风措施

答案: ABD

12.2 电力电缆施工作业。

12.2.1 电缆沟(槽)开挖的安全措施。

12.2.1.1 电缆直埋敷设施工前,应先查清图纸,再开挖足够数量的样洞(沟),摸清地下管线分布情况,以确定电缆敷设位置,确保不损伤运行电缆和其他地下管线设施。

【单选题】电缆直埋敷设施工前,应先查清图纸,再开挖足够数量的( ),摸清地下管线分布情况,以确定电缆敷设位置,

确保不损伤运行电缆和其他地下管线设施。

　　A. 排水沟　　　　　　　　　B. 样洞（沟）
　　C. 电缆工井　　　　　　　　D. 电缆沟
　　答案：B

12.2.1.2　掘路施工应做好防止交通事故的安全措施。施工区域应用标准路栏等进行分隔，并有明显标记，夜间施工人员应佩戴反光标志，施工地点应加挂警示灯。

　　【单选题】掘路施工应做好防止（　　　）的安全措施。
　　A. 触电　　　　　　　　　　B. 交通事故
　　C. 火灾　　　　　　　　　　D. 坍塌
　　答案：B

　　【单选题】掘路施工应做好防止交通事故的安全措施。施工区域应用标准路栏等进行分隔，并有明显标记，夜间施工人员应佩戴（　　　），施工地点应加挂警示灯。
　　A. 照明灯　　　　　　　　　B. 护目眼镜
　　C. 反光标志　　　　　　　　D. 标志牌
　　答案：C

　　【单选题】掘路施工应做好防止交通事故的安全措施。施工区域应用标准路栏等进行分隔，并有明显标记，夜间施工人员应佩戴反光标志，施工地点应加挂（　　　）。
　　A. 照明灯　　　　　　　　　B. 警示标志
　　C. 警示灯　　　　　　　　　D. 标示牌
　　答案：C

　　【判断题】掘路施工应做好防止交通事故的安全措施。施工区域应用安全围栏进行分隔，并有明显标记，夜间施工人员应佩戴黄色标志，施工地点应加挂警示灯。
　　答案：错误

12.2.1.3　为防止损伤运行电缆或其他地下管线设施，在城市道路红线范围内不宜使用大型机械开挖沟（槽），硬路面面层破碎可使用小型机械设备，但应加强监护，不得深入土层。

【单选题】为防止损伤运行电缆或其他地下管线设施，在城市道路（　　）内不宜使用大型机械开挖沟（槽），硬路面面层破碎可使用小型机械设备，但应加强监护，不得深入土层。

A. 红线范围   B. 警示线
C. 绿化区   D. 两侧区域

答案：A

【单选题】为防止损伤运行电缆或其他地下管线设施，在城市道路红线范围内不宜使用（　　）开挖沟（槽），硬路面面层破碎可使用小型机械设备，但应加强监护，不得深入土层。

A. 铲车   B. 挖掘机
C. 重型机械   D. 大型机械

答案：D

12.2.1.4 沟（槽）开挖深度达到 1.5m 及以上时，应采取措施防止土层塌方。

【单选题】沟（槽）开挖深度达到（　　）m 及以上时，应采取措施防止土层塌方。

A. 1.0 B. 1.5 C. 1.8 D. 2.0

答案：B

12.2.1.5 沟（槽）开挖时，应将路面铺设材料和泥土分别堆置，堆置处和沟（槽）之间应保留通道供施工人员正常行走。在堆置物堆起的斜坡上不得放置工具、材料等器物。

【单选题】沟（槽）开挖时，应将路面铺设材料和泥土(　　)，堆置处和沟（槽）之间应保留通道供施工人员正常行走。

A. 分别堆置   B. 一起堆置
C. 单独堆置   D. 依次堆置

答案：A

【单选题】沟（槽）开挖时，应将路面铺设材料和泥土分别堆置，堆置处和沟（槽）之间应保留通道供施工人员正常行走。

在堆置物堆起的（　　）不得放置工具、材料等器物。

A. 坡下　　　　　　　　B. 斜坡上

C. 斜坡附近　　　　　　D. 斜坡底部

答案：B

【判断题】沟（槽）开挖时，应将路面铺设材料和泥土统一堆置，堆置处和沟（槽）之间应保留通道供施工人员正常行走。在堆置物堆起的斜坡上不得放置工具、材料等器物。

答案：错误

12.2.1.6　在下水道、煤气管线、潮湿地、垃圾堆或有腐质物等附近挖沟（槽）时，应设监护人。在挖深超过 2m 的沟（槽）内工作时，应采取安全措施，如戴防毒面具、向沟（槽）送风和持续检测等。监护人应密切注意挖沟（槽）人员，防止煤气、硫化氢等有毒气体中毒及沼气等可燃气体爆炸。

【单选题】在下水道、煤气管线、潮湿地、垃圾堆或有腐质物等附近挖沟（槽）时，应设监护人。在挖深超过（　　）m 的沟（槽）内工作时，应采取安全措施，如戴防毒面具、向沟（槽）送风和持续检测等。监护人应密切注意挖沟（槽）人员，防止煤气、硫化氢等有毒气体中毒及沼气等可燃气体爆炸。

A. 1.0　　　　B. 1.5　　　　C. 1.8　　　　D. 2.0

答案：D

12.2.1.7　挖到电缆保护板后，应由有经验的人员在场指导，方可继续进行。

【单选题】挖到电缆保护板后，应由（　　）在场指导，方可继续进行。

A. 技术人员　　　　　　B. 工作负责人

C. 有经验的人员　　　　D. 专业人员

答案：C

【判断题】挖到电缆保护板后，应由有经验的人员在场指导，方可继续进行。

答案：正确

12.2.1.8 挖掘出的电缆或接头盒，若下方需要挖空时，应采取悬吊保护措施。

【单选题】挖掘出的电缆或接头盒，若下方需要挖空时，应采取（　　）保护措施。

A. 悬吊　　　　B. 防坠　　　　C. 提升　　　　D. 隔离

答案：A

12.2.2 进入电缆井、电缆隧道前，应先用吹风机排除浊气，再用气体检测仪检查井内或隧道内的易燃易爆及有毒气体的含量是否超标，并做好记录。

【判断题】进入电缆井、电缆隧道前，应用气体检测仪检查井内或隧道内的易燃易爆及有毒气体的含量是否超标，并做好记录。

答案：错误

12.2.3 电缆井、电缆隧道内工作时，通风设备应保持常开。禁止只打开电缆井一只井盖（单眼井除外）。作业过程中应用气体检测仪检查井内或隧道内的易燃易爆及有毒气体的含量是否超标，并做好记录。

【单选题】电缆井、电缆隧道内工作时，通风设备应（　　）。

A. 保持常开　　　　　　　　B. 间歇性开启

C. 时刻准备　　　　　　　　D. 随时开启

答案：A

【判断题】电缆井、电缆隧道内工作时，应只打开电缆井一只井盖。

答案：错误

【单选题】电缆井、电缆隧道内作业过程中应用气体检测仪检查井内或隧道内的（　　）是否超标，并做好记录。

A. 易燃易爆及有毒气体的含量

B. 易燃易爆气体的含量

C. 有毒气体的含量

D. 一氧化碳含量

答案：A

12.2.4 在电缆隧道内巡视时，作业人员应携带便携式气体检测仪，通风不良时还应携带正压式空气呼吸器。

【单选题】在电缆隧道内巡视时，作业人员应携带便携式气体测试仪，通风不良时还应携带（　　　）。

A. 正压式空气呼吸器　　　　B. 防毒面具

C. 口罩　　　　　　　　　　D. 湿毛巾

答案：A

【判断题】在电缆隧道内巡视时，作业人员应携带正压式空气呼吸器，通风不良时还应携带便携式气体检测仪。

答案：错误

12.2.5 电缆沟的盖板开启后，应自然通风一段时间，经检测合格后方可下井沟工作。

【判断题】电缆沟的盖板开启后，应自然通风一段时间，经检测合格后方可下井沟工作。

答案：正确

12.2.6 开启电缆井井盖、电缆沟盖板及电缆隧道人孔盖时应注意站立位置，以免坠落，开启电缆井井盖应使用专用工具。开启后应设置遮栏（围栏），并派专人看守。作业人员撤离后，应立即恢复。

【多选题】开启电缆井井盖、电缆沟盖板及电缆隧道人孔盖时（　　　）。

A. 应注意站立位置，以免坠落

B. 应使用专用工具

C. 开启后应设置遮栏（围栏），并派专人看守

D. 作业人员撤离后，应立即恢复

答案：ABCD

12.2.7 移动电缆接头一般应停电进行。若必须带电移动，应先调查该电缆的历史记录，由有经验的施工人员，在专人统一指挥下，平正移动。

【单选题】移动电缆接头一般应停电进行。若必须带电移动，应先调查该电缆的（　　），由有经验的施工人员，在专人统一指挥下，平正移动。

A. 历史记录　　　　　　B. 出厂资料

C. 试验数据　　　　　　D. 技术参数

答案：A

【判断题】移动电缆接头一般应停电进行。若必须带电移动电缆接头，施工人员应在专人统一指挥下，平正移动。

答案：错误

12.2.8 开断电缆前，应与电缆走向图核对相符，并使用仪器确认电缆无电压后，用接地的带绝缘柄的铁钎钉入电缆芯后，方可工作。扶绝缘柄的人应戴绝缘手套并站在绝缘垫上，并采取防灼伤措施。使用远控电缆割刀开断电缆时，刀头应可靠接地，周边其他施工人员应临时撤离，远控操作人员应与刀头保持足够的安全距离，防止弧光和跨步电压伤人。

【单选题】扶绝缘柄的人应（　　），并采取防灼伤措施。

A. 戴绝缘手套

B. 站在绝缘垫上

C. 穿绝缘靴

D. 戴绝缘手套并站在绝缘垫上

答案：D

【多选题】开断电缆前，应（　　）后，方可工作。

A. 与电缆走向图核对相符

B. 使用仪器确认电缆无电压后，用接地的带绝缘柄的铁钎钉入电缆芯

C. 检查电缆型号

D. 落实中间头是否合适

答案：AB

【多选题】使用远控电缆割刀开断电缆时，（   ），防止弧光和跨步电压伤人。

A. 刀头应可靠接地

B. 周边其他施工人员应临时撤离

C. 远控操作人员应与刀头保持足够的安全距离

D. 不宜设置专责监护人

答案：ABC

12.2.9 禁止带电插拔普通型电缆终端接头。可带电插拔的肘型电缆终端接头，不得带负荷操作。带电插拔肘型电缆终端接头时应使用绝缘操作棒并戴绝缘手套、护目镜。

【多选题】带电插拔肘型电缆终端接头时应（   ）。

A. 使用绝缘操作棒   B. 戴绝缘手套

C. 戴护目镜   D. 穿绝缘靴

答案：ABC

【判断题】禁止带电插拔普通型电缆终端接头。

答案：正确

12.2.10 开启高压电缆分支箱（室）门应两人进行，接触电缆设备前应验明确无电压并接地。高压电缆分支箱（室）内工作时，应将所有可能来电的电源全部断开。

【判断题】开启高压电缆分支箱（室）门应两人进行，接触电缆设备前应验明确无电压并接地。

答案：正确

12.2.11 高压跌落式熔断器与电缆头之间作业的安全措施：

（1）宜加装过渡连接装置，使作业时能与熔断器上桩头有电部分保持安全距离。

（2）跌落式熔断器上桩头带电，需在下桩头新装、调换电缆终端引出线或吊装、搭接电缆终端头及引出线时，应使用绝缘工具，并采用绝缘罩将跌落式熔断器上桩头隔离，在下桩头加装接地线。

（3）作业时，作业人员应站在低位，伸手不得超过跌落式熔断器下桩头，并设专人监护。

（4）禁止雨天进行以上工作。

【问答题】高压跌落式熔断器与电缆头之间作业的安全措施有哪些？

答案：（1）宜加装过渡连接装置，使作业时能与熔断器上桩头有电部分保持安全距离。

（2）跌落式熔断器上桩头带电，需在下桩头新装、调换电缆终端引出线或吊装、搭接电缆终端头及引出线时，应使用绝缘工具，并采用绝缘罩将跌落式熔断器上桩头隔离，在下桩头加装接地线。

（3）作业时，作业人员应站在低位，伸手不得超过跌落式熔断器下桩头，并设专人监护。

（4）禁止雨天进行以上工作。

12.2.12 使用携带型火炉或喷灯作业的安全措施：

（1）火焰与带电部分的安全距离：电压在 10kV 及以下者，应大于 1.5m；电压在 10kV 以上者，应大于 3m。

（2）不得在带电导线、带电设备、变压器、油断路器（开关）附近以及在电缆夹层、隧道、沟洞内对火炉或喷灯加油、点火。

（3）在电缆沟盖板上或旁边动火工作时应采取防火措施。

【单选题】电力电缆施工在 10kV 运行设备附近使用喷灯作业，火焰与带电部分的安全距离应大于（　　　）m。

A. 1.0　　　　　B. 1.5　　　　　C. 2.0　　　　　D. 3.0

答案：B

【多选题】电力电缆施工作业时下列哪些场所不得对喷灯加油、点火？（　　　）

A. 变压器附近　　　　　　　　B. SF_6 断路器（开关）附近

C. 电缆沟洞内　　　　　　　D. 带电设备附近

答案：ACD

【判断题】电力电缆施工使用携带型火炉或喷灯作业时，可在变电站门口对火炉或喷灯加油、点火。

答案：正确

12.2.13　制作环氧树脂电缆头和调配环氧树脂过程中，应采取防毒、防火措施。

【多选题】制作环氧树脂电缆头和调配环氧树脂过程中，应采取（　　　　）措施。

A. 防风　　　　B. 防毒　　　　C. 防水　　　　D. 防火

答案：BD

12.2.14　电缆施工作业完成后应封堵穿越过的孔洞。

【单选题】电缆施工作业完成后应（　　　　）穿越过的孔洞。

A. 填埋　　　　B. 封堵　　　　C. 密封　　　　D. 浇筑

答案：B

【判断题】电缆施工作业完成后应封堵穿越过的孔洞。

答案：正确

12.2.15　非开挖施工的安全措施：

（1）采用非开挖技术施工前，应先探明地下各种管线设施的相对位置。

（2）非开挖的通道，应离开地下各种管线设施足够的安全距离。

（3）通道形成的同时，应及时对施工的区域采取灌浆等措施，防止路基沉降。

【问答题】简述电缆通道非开挖施工的安全措施。

答案：（1）采用非开挖技术施工前，应先探明地下各种管线设施的相对位置。

（2）非开挖的通道，应离开地下各种管线设施足够的安全距离。

（3）通道形成的同时，应及时对施工的区域采取灌浆等措施，防止路基沉降。

12.3 电力电缆试验。

12.3.1 电缆耐压试验前，应先对被试电缆充分放电。加压端应采取措施防止人员误入试验场所；另一端应设置遮栏（围栏）并悬挂警告标示牌。若另一端是上杆的或是开断电缆处，应派人看守。

【判断题】电缆耐压试验前，应先对被试电缆充分放电。加压前应在被试电缆周围设置遮栏（围栏）并悬挂警告标示牌，防止人员误入试验场所。

答案：错误

12.3.2 电缆试验需拆除接地线时，应在征得工作许可人的许可后（根据调控人员指令装设的接地线，应征得调控人员的许可）方可进行。工作完毕后应立即恢复。

【单选题】电力电缆试验要拆除接地线时，应征得工作许可人的许可（根据调控人员指令装设的接地线，应征得调控人员的许可），方可进行。工作完毕后应立即（　　　）。

A. 汇报　　　　　　　　B. 恢复

C. 终结工作　　　　　　D. 填写记录

答案：B

【判断题】电缆试验需拆除接地线时，应在征得工作负责人的同意。工作完毕后应立即恢复。

答案：错误

12.3.3 电缆试验过程中需更换试验引线时，作业人员应先戴好绝缘手套对被试电缆充分放电。

【判断题】电缆试验过程中需更换试验引线时，作业人员应先穿好绝缘鞋对被试电缆充分放电。

答案：错误

12.3.4 电缆耐压试验分相进行时，另两相电缆应可靠接地。

【单选题】电缆耐压试验分相进行时，另两相电缆应（　　　）。

A. 可靠接地

B. 用安全围栏与被试相电缆隔开

C. 用绝缘挡板与被试相电缆隔开

D. 短接

答案：A

12.3.5 电缆试验结束，应对被试电缆充分放电，并在被试电缆上加装临时接地线，待电缆终端引出线接通后方可拆除。

【单选题】电缆试验结束，应对被试电缆进行充分放电，并在被试电缆上加装临时接地线，待（　　）方可拆除。

A. 投入运行后　　　　　　B. 工作票终结前

C. 电缆终端引出线接通后　D. 带负荷后

答案：C

12.3.6 电缆故障声测定点时，禁止直接用手触摸电缆外皮或冒烟小洞。

【多选题】电缆故障声测定点时，禁止直接用手触摸（　　），以免触电。

A. 电缆外皮　　　　　　　B. 电缆支架

C. 冒烟小洞　　　　　　　D. 电缆管道

答案：AC

【判断题】电缆故障声测定点时，禁止直接用手触摸电缆外皮或冒烟小洞。

答案：正确

13　分布式电源相关工作

13.1　一般要求。

13.1.1　接入高压配电网的分布式电源，并网点应安装易操作、可闭锁、具有明显断开点、可开断故障电流的开断设备，电网侧应能接地。

【多选题】接入高压配电网的分布式电源，并网点应安装（　　）的开断设备，电网侧应能接地。

　A. 易操作　　　　　　　　B. 可闭锁

　C. 具有明显断开点　　　　D. 可开断故障电流

　答案：ABCD

13.1.2　接入低压配电网的分布式电源，并网点应安装易操作、具有明显开断指示、具备开断故障电流能力的开断设备。

【多选题】接入低压配电网的分布式电源，并网点应安装（　　）、具备开断故障电流能力的开断设备。

　A. 易操作　　　　　　　　B. 可闭锁

　C. 具有明显开断指示　　　D. 电网侧应能接地

　答案：AC

13.1.3　接入高压配电网的分布式电源用户进线开关、并网点开断设备应有名称并报电网管理单位备案。

【多选题】接入高压配电网的分布式电源（　　）应有名称并报电网管理单位备案。

　A. 逆变设备　　　　　　　B. 用户进线开关

　C. 并网点开断设备　　　　D. 电气接线图

　答案：BC

13.1.4　有分布式电源接入的电网管理单位应及时掌握分布式电源接入情况，并在系统接线图上标注完整。

【判断题】有分布式电源接入的电网管理单位应及时掌握分布式电源接入情况，并在系统接线图上标注完整。

答案：正确

13.1.5 装设于配电变压器低压母线处的反孤岛装置与低压总开关、母线联络开关间应具备操作闭锁功能。

【判断题】装设于配电变压器低压母线处的反孤岛装置与低压总开关、母线联络开关间应具备操作闭锁功能。

答案：正确

13.2 并网管理。

13.2.1 电网调度控制中心应掌握接入高压配电网的分布式电源并网点开断设备的状态。

【单选题】（　　　　）应掌握接入高压配电网的分布式电源并网点开断设备的状态。

A. 变电运维部门 　　　　　　B. 电网调度控制中心
C. 营销部门 　　　　　　　　D. 线路运维部门

答案：B

13.2.2 直接接入高压配电网的分布式电源的启停应执行电网调度控制中心的指令。

【单选题】直接接入高压配电网的分布式电源的启停应执行（　　　）的指令。

A. 变电运维部门 　　　　　　B. 电网调度控制中心
C. 营销部门 　　　　　　　　D. 线路运维部门

答案：B

13.2.3 分布式电源并网前，电网管理单位应对并网点设备验收合格，并通过协议与用户明确双方安全责任和义务。并网协议中至少应明确以下内容：

（1）并网点开断设备（属于用户）操作方式。

（2）检修时的安全措施。双方应相互配合做好电网停电检修的隔离、接地、加锁或悬挂标示牌等安全措施，并明确并网点安全隔离方案。

（3）由电网管理单位断开的并网点开断设备，仍应由电网管理单位恢复。

【问答题】电网管理单位与分布式电源用户签订的并网协议中，在安全方面至少应明确哪些内容？

答案：并网协议中至少应明确下述内容：

（1）并网点开断设备（属于用户）操作方式。

（2）检修时的安全措施。双方应相互配合做好电网停电检修的隔离、接地、加锁或悬挂标示牌等安全措施，并明确并网点安全隔离方案。

（3）由电网管理单位断开的并网点开断设备，仍应由电网管理单位恢复。

13.3 运维和操作。

13.3.1 分布式电源项目验收单位在项目并网验收后，应将工程有关技术资料和接线图提交电网管理单位，及时更新系统接线图。

【多选题】分布式电源项目验收单位在项目并网验收后，应将工程有关（　　　）提交电网管理单位，及时更新系统接线图。

A. 设备资料　　　　　　　　B. 技术资料

C. 验收报告　　　　　　　　D. 接线图

答案：BD

13.3.2 电网管理单位应掌握、分析分布式电源接入配变台区状况，确保接入设备满足有关技术标准。

【判断题】电网管理单位应掌握、分析分布式电源接入配变台区状况，确保接入设备满足有关技术标准。

答案：正确

13.3.3 进行分布式电源相关设备操作的人员应有与现场设备和运行方式相符的系统接线图，现场设备应具有明显操作指示，便于操作及检查确认。

【单选题】进行分布式电源相关设备操作的人员应有与现场

设备和运行方式相符的（　　　），现场设备应具有明显操作指示，便于操作及检查确认。

A. 设备接线图　　　　　　　B. 保护接线图

C. 现场模拟图　　　　　　　D. 系统接线图

答案：D

【判断题】进行分布式电源相关设备操作的人员应有与现场设备和运行方式相符的系统接线图，现场设备应具有明显操作指示，便于操作及检查确认。

答案：正确

13.3.4　操作应按规定填用操作票。

13.4　检修工作。

13.4.1　在分布式电源并网点和公共连接点之间的作业，必要时应组织现场勘察。

【单选题】在分布式电源并网点和公共连接点之间的作业，必要时应组织（　　　）。

A. 会议讨论　　　　　　　　B. 作业分析

C. 方案审核　　　　　　　　D. 现场勘察

答案：D

13.4.2　在有分布式电源接入的相关设备上工作，应按规定填用工作票。

【单选题】在有分布式电源接入的相关设备上工作，应按规定（　　　）。

A. 填用工作票　　　　　　　B. 填用操作票

C. 使用口头或电话命令执行　D. 填用工作任务单

答案：A

13.4.3　在有分布式电源接入电网的高压配电线路、设备上停电工作，应断开分布式电源并网点的断路器（开关）、隔离开关（刀闸）或熔断器，并在电网侧接地。

【多选题】在有分布式电源接入电网的高压配电线路、设备上停电工作，应（　　　）。

    A. 断开分布式电源并网点的断路器

    B. 断开分布式电源并网点的隔离开关或熔断器

    C. 在用户侧接地

    D. 在电网侧接地

    答案：ABD

13.4.4　在有分布式电源接入的低压配电网上工作，宜采取带电工作方式。

    【单选题】在有分布式电源接入的低压配电网上工作，宜（　　　）。

    A. 采取停电工作方式　　　　B. 采取带电工作方式

    C. 使用低压工作票　　　　　D. 使用第二种工作票

    答案：B

13.4.5　若在有分布式电源接入的低压配电网上停电工作，至少应采取以下措施之一防止反送电：

    （1）接地。

    （2）绝缘遮蔽。

    （3）在断开点加锁、悬挂标示牌。

    【多选题】若在有分布式电源接入的低压配电网上停电工作，至少应采取以下措施之一防止反送电：（　　　）。

    A. 接地　　　　　　　　　　B. 绝缘遮蔽

    C. 在断开点加锁　　　　　　D. 悬挂标示牌

    答案：ABCD

13.4.6　电网管理单位停电检修，应明确告知分布式电源用户停送电时间。由电网管理单位操作的设备，应告知分布式电源用户。以空气开关等无明显断开点的设备作为停电隔离点时应采取加锁、悬挂标示牌等措施防止误送电。

    【单选题】电网管理单位停电检修，应明确告知分布式电源用户（　　　）。

A. 停送电时间   B. 工作内容

C. 工作地点   D. 人员安排

答案：A

【多选题】电网管理单位停电检修，以空气开关等无明显断开点的设备作为停电隔离点时，应采取（　　）等措施防止误送电。

A. 设置绝缘隔离挡板   B. 悬挂标示牌

C. 加锁   D. 拆除空气开关

答案：BC

14 机具及安全工器具使用、检查、保管和试验

14.1 一般要求。

14.1.1 作业人员应了解机具（施工机具、电动工具）及安全工器具相关性能，熟悉其使用方法。

【判断题】作业人员应了解机具（施工机具、电动工具）及安全工器具相关性能，熟悉其使用方法。

答案：正确

14.1.2 现场使用的机具、安全工器具应经检验合格。

【单选题】现场使用的机具、安全工器具应经（　　　）。

A. 厂家认证　　　　　　　　B. 检验合格

C. 领导批准　　　　　　　　D. 会议讨论

答案：B

14.1.3 机具的各种监测仪表以及制动器、限位器、安全阀、闭锁机构等安全装置应完好。

【多选题】机具的（　　　）、闭锁机构等安全装置应完好。

A. 各种监测仪表　　　　　　B. 制动器

C. 限位器　　　　　　　　　D. 安全阀

答案：ABCD

14.1.4 机具在运行中不得进行检修或调整。禁止在运行中或未完全停止的情况下清扫、擦拭机具的转动部分。

【单选题】禁止在运行中或未完全停止的情况下清扫、擦拭机具的（　　　）。

A. 转动部分　　　　　　　　B. 保护外壳

C. 绝缘部分　　　　　　　　D. 基础部分

答案：A

【判断题】机具在运行中不得进行检修或调整。

答案：正确

14.1.5 检修动力电源箱的支路开关、临时电源都应加装剩余电流动作保护装置。剩余电流动作保护装置应定期检查、试验、测试动作特性。

【多选题】检修动力电源箱的支路开关、临时电源都应加装剩余电流动作保护装置。剩余电流动作保护装置应定期（　　　）。

A. 检查　　　　　　　　　B. 试验

C. 测试动作特性　　　　　D. 清洁

答案：ABC

14.1.6 机具和安全工器具应统一编号，专人保管。入库、出库、使用前应检查。禁止使用损坏、变形、有故障等不合格的机具和安全工器具。

【单选题】机具和安全工器具应（　　　）。

A. 统一编号、统一保管　　　B. 统一编号、个人保管

C. 统一编号、专人保管　　　D. 统一编号、分别保管

答案：C

【单选题】机具和安全工器具入库、出库、使用前应（　　　），禁止使用损坏、变形、有故障等不合格的机具和安全工器具。

A. 检查　　　B. 试验　　　C. 鉴定　　　D. 擦拭

答案：A

【多选题】机具和安全工器具入库、出库、使用前应检查。禁止使用（　　　）等不合格的机具和安全工器具。

A. 损坏　　　B. 变形　　　C. 有故障　　　D. 无编号

答案：ABC

【判断题】机具和安全工器具入库、出库、使用前应进行试验。

答案：错误

14.1.7 自制或改装以及主要部件更换或检修后的机具，应按其用

途依据国家相关标准进行型式试验，经鉴定合格后方可使用。

【单选题】自制或改装以及主要部件更换或检修后的机具，应按其用途依据国家相关标准进行（　　），经鉴定合格后方可使用。

A. 科技试验　　　　　　　　B. 型式试验

C. 外观检验　　　　　　　　D. 统一清洗

答案：B

14.2　施工机具使用和检查。

14.2.1　绞磨。

14.2.1.1　绞磨应放置平稳，锚固应可靠，受力前方不得有人，锚固绳应有防滑动措施，并可靠接地。

【判断题】绞磨应放置平稳，锚固应可靠，受力后方不得有人，锚固绳应有防滑动措施，并可靠接地。

答案：错误

14.2.1.2　作业前应检查和试车，确认安置稳固、运行正常、制动可靠后方可使用。

【单选题】绞磨在作业前应（　　），确认安置稳固、运行正常、制动可靠后方可使用。

A. 检查　　　B. 试车　　　C. 评估　　　D. 检查和试车

答案：D

【多选题】绞磨在作业前应检查和试车，确认（　　）后方可使用。

A. 外观整洁　　　　　　　　B. 安置稳固

C. 运行正常　　　　　　　　D. 制动可靠

答案：BCD

14.2.1.3　作业时禁止向滑轮上套钢丝绳，禁止在卷筒、滑轮附近用手触碰运行中的钢丝绳，禁止跨越行走中的钢丝绳，禁止在导向滑轮的内侧逗留或通过。

【判断题】绞磨作业时禁止在导向滑轮的外侧逗留或通过。

答案：错误

【多选题】绞磨作业时（　　）。

A. 禁止向滑轮上套钢丝绳

B. 禁止在卷筒、滑轮附近用手触碰运行中的钢丝绳

C. 禁止跨越行走中的钢丝绳

D. 禁止在导向滑轮的内侧逗留或通过

答案：ABCD

14.2.2　抱杆。

14.2.2.1　选用抱杆应进行负荷校核。

【判断题】选用抱杆应进行应力校核。

答案：错误

14.2.2.2　独立抱杆至少应有四根缆风绳，人字抱杆至少应有两根缆风绳并有限制腿部开度的控制绳。所有缆风绳均应固定在牢固的地锚上，必要时经校验合格。

【单选题】独立抱杆至少应有（　　）根缆风绳。

A. 两　　　　　B. 三　　　　　C. 四　　　　　D. 六

答案：C

【单选题】独立抱杆至少应有四根缆风绳，人字抱杆至少应有（　　）根缆风绳并有限制腿部开度的控制绳。

A. 两　　　　　B. 三　　　　　C. 四　　　　　D. 六

答案：A

【判断题】独立抱杆至少应有四根缆风绳，人字抱杆至少应有两根缆风绳并有限制腿部开度的控制绳。

答案：正确

14.2.2.3　抱杆基础应平整坚实、不积水。在土质疏松的地方，抱杆脚应用垫木垫牢。

【判断题】抱杆基础应平整坚实、不积水。在土质坚硬的地方，抱杆脚应用垫木垫牢。

答案：错误

14.2.2.4　缆风绳与抱杆顶部及地锚的连接应牢固可靠；缆风绳与

地面的夹角一般应小于 45°；缆风绳与架空输电线路及其他带电体的安全距离应大于表 6-1 的规定。

【单选题】抱杆缆风绳与抱杆顶部及地锚的连接应牢固可靠；缆风绳与地面的夹角一般应小于（　　　）。

A. 30°　　　　　B. 45°　　　　　C. 60°　　　　　D. 90°

答案：B

【多选题】缆风绳与（　　　）的安全距离应大于表 6-1 的规定。

A. 架空输电线路　　　　　　　B. 地锚

C. 抱杆　　　　　　　　　　　D. 其他带电体

答案：AD

14.2.3　卡线器。

卡线器的规格、材质应与线材的规格、材质相匹配。不得使用有裂纹、弯曲、转轴不灵活或钳口斜纹磨平等缺陷的卡线器。

【多选题】卡线器的规格、材质应与线材的规格、材质相匹配。不得使用有（　　　）等缺陷的卡线器。

A. 弯曲　　　　　　　　　　　B. 转轴不灵活

C. 裂纹　　　　　　　　　　　D. 钳口斜纹磨平

答案：ABCD

【判断题】卡线器规格、材质应与线材的规格、材质相匹配。

答案：正确

14.2.4　放线架。

放线架应支撑在坚实的地面上，松软地面应采取加固措施。放线轴与导线伸展方向应垂直。

【判断题】放线架应支撑在坚实的地面上，松软地面应采取加固措施。放线轴与导线伸展方向应平行。

答案：错误

【单选题】放线架应支撑在坚实的地面上，松软地面应采取加固措施。放线轴与导线伸展方向应（　　　）。

A. 成 30° 夹角　　　　　　B. 成 60° 夹角

C. 垂直　　　　　　　　　D. 平行

答案：C

14.2.5 地锚。

14.2.5.1 地锚的分布和埋设深度，应根据现场所用地锚用途和周围土质设置。

【判断题】地锚的分布和埋设深度，应严格按照统一标准执行。

答案：错误

14.2.5.2 禁止使用弯曲和变形严重的钢质地锚。

【判断题】禁止使用弯曲和变形严重的钢质地锚。

答案：正确

14.2.5.3 禁止使用出现横向裂纹以及有严重纵向裂纹或严重损坏的木质锚桩。

【判断题】禁止使用木质锚桩。

答案：错误

14.2.6 链条（手扳）葫芦。

14.2.6.1 使用前应检查吊钩、链条、转动装置及制动装置，吊钩、链轮或倒卡变形以及链条磨损达直径的 10% 时，禁止使用。制动装置禁止沾染油脂。

【单选题】链条（手扳）葫芦使用前应检查吊钩、链条、转动装置及制动装置，吊钩、链轮或倒卡变形以及链条磨损达直径的（　　）时，禁止使用。

A. 7%　　　　B. 10%　　　　C. 15%　　　　D. 20%

答案：B

【单选题】链条（手扳）葫芦的制动装置禁止沾染（　　）。

A. 水分　　　　B. 油脂　　　　C. 灰尘　　　　D. 酒精

答案：B

【判断题】链条（手扳）葫芦使用前应检查吊钩、链条、转动装置及制动装置，吊钩、链轮或倒卡变形以及链条磨损达直径的 10%时，禁止使用。

答案：正确

14.2.6.2 起重链不得打扭，亦不得拆成单股使用。

【判断题】起重链不得打扭，亦不得拆成单股使用。

答案：正确

14.2.6.3 两台及两台以上链条葫芦起吊同一重物时，重物的重量应小于每台链条葫芦的允许起重量。

【单选题】两台及两台以上链条葫芦起吊同一重物时，重物的重量应小于（　　）。

A. 所有链条葫芦的允许起重量相加

B. 各链条葫芦的平均允许起重量

C. 每台链条葫芦的允许起重量

D. 对角线上的链条葫芦的平均起重量

答案：C

14.2.6.4 使用中发生卡链情况，应将重物垫好后方可检修。

【判断题】使用中发生卡链情况，应将重物放下后方可检修。

答案：错误

14.2.7 钢丝绳。

14.2.7.1 钢丝绳应定期浸油，遇有下列情况之一者应报废。

（1）钢丝绳在一个节距中有表 14–1 内的断丝数者。

表 14–1　　　　　　　　钢丝绳报废断丝数

安全系数	钢丝绳结构					
	6×19＋1		6×37＋1		6×61＋1	
	一个节距中的断丝数（根）					
	交互捻	同向捻	交互捻	同向捻	交互捻	同向捻
<6	12	6	22	11	36	18
6~7	14	7	26	13	38	19
>7	16	8	30	15	40	20

注　一个节距是指每股钢丝绳缠绕一周的轴向距离。

（2）钢丝绳的钢丝磨损或腐蚀达到钢丝绳实际直径比其公称直径减少 7%或更多者。

（3）钢丝绳受过严重退火或局部电弧烧伤者。

（4）绳芯损坏或绳股挤出者。

（5）笼状畸形、严重扭结或弯折者。

（6）钢丝绳压扁变形及表面毛刺严重者。

（7）钢丝绳断丝数量不多，但断丝快速增加者。

【单选题】钢丝绳应定期（　　　）。

A. 刷漆　　　　B. 浸油　　　　C. 清洗　　　　D. 浸水

答案：B

【判断题】钢丝绳的钢丝磨损或腐蚀达到钢丝绳实际直径比其公称直径减少 5%或更多者应报废。

答案：错误

14.2.7.2 插接的环绳或绳套，其插接长度应大于钢丝绳直径的 15 倍，且不得小于 300mm。新插接的钢丝绳套应做 125%允许负荷的抽样试验。

【单选题】钢丝绳插接的环绳或绳套，其插接长度应大于钢丝绳直径的（　　　）倍，且不得小于 300mm。

A. 5　　　　B. 10　　　　C. 15　　　　D. 20

答案：C

【单选题】新插接的钢丝绳套应做（　　　）允许负荷的抽样试验。

A. 50%　　　　B. 100%　　　　C. 125%　　　　D. 150%

答案：C

【单选题】钢丝绳插接的环绳或绳套，其插接长度应大于钢丝绳直径的 15 倍，且不得小于（　　　）mm。新插接的钢丝绳套应做 125%允许负荷的抽样试验。

A. 200　　　　B. 300　　　　C. 400　　　　D. 500

答案：B

14.2.7.3 通过滑轮及卷筒的钢丝绳不得有接头。

【判断题】通过滑轮及卷筒的钢丝绳不得有接头。

答案：正确

14.2.8 合成纤维吊装带。

14.2.8.1 合成纤维吊装带使用应避免与尖锐棱角接触，若无法避免应装设护套。

【判断题】合成纤维吊装带使用禁止与尖锐棱角接触。

答案：错误

14.2.8.2 吊装带用于不同承重方式时，应严格按照标签给予的定值使用。

【单选题】吊装带用于不同承重方式时，应严格按照（   ）使用。

A. 人员的经验   B. 标签给予的定值

C. 吊装带尺寸   D. 吊装带长度

答案：B

14.2.8.3 禁止使用外部护套破损显露出内芯的合成吊装带。

【判断题】禁止使用外部护套破损显露出内芯的合成吊装带。

答案：正确

14.2.9 纤维绳（麻绳）。

14.2.9.1 禁止使用出现松股、散股、断股、严重磨损的纤维绳。纤维绳（麻绳）有霉烂、腐蚀、损伤者不得用于起重作业。

【判断题】禁止使用出现松股、散股、断股、严重磨损的纤维绳。

答案：正确

【多选题】纤维绳（麻绳）有（   ）者不得用于起重作业。

A. 霉烂   B. 拧股   C. 腐蚀   D. 损伤

答案：ACD

14.2.9.2 机械驱动时禁止使用纤维绳。

【判断题】机械驱动时必须使用纤维绳。

答案：错误

14.2.9.3 切断绳索时，应先将预定切断的两边用软钢丝扎结，以免切断后绳索松散，断头应编结处理。

【判断题】切断绳索时，应先将预定切断的两边用软钢丝扎结，以免切断后绳索松散，断头应绑扎处理。

答案：错误

14.2.10 滑车及滑车组。

14.2.10.1 滑车及滑车组使用前应检查，禁止使用有裂纹、轮沿破损等情况的滑轮。

【判断题】滑车及滑车组使用前应检查，禁止使用有裂纹、轮沿破损等情况的滑轮。

答案：正确

14.2.10.2 使用的滑车应有防止脱钩的保险装置或封口措施。使用开门滑车时，应将开门勾环扣紧，防止绳索自动跑出。

【多选题】使用的滑车应有防止脱钩的（　　　　）。使用开门滑车时，应将开门勾环扣紧，防止绳索自动跑出。

A. 保险装置　　　　　　　　B. 封口措施

C. 专人监护　　　　　　　　D. 专人指挥

答案：AB

14.2.10.3 滑车不得拴挂在不牢固的结构物上。拴挂固定滑车的桩或锚应埋设牢固可靠。

【判断题】滑车不得拴挂在不牢固的结构物上。

答案：正确

【判断题】拴挂固定滑车的桩或锚应埋设牢固可靠。

答案：正确

14.2.10.4 若使用的滑车可能着地，则应在滑车底下垫以木板，防止垃圾窜入滑车。

【判断题】若使用的滑车可能着地，则应在滑车底下垫以木板，防止垃圾窜入滑车。

答案：正确

14.2.11 棘轮紧线器。

14.2.11.1 使用前应检查吊钩、钢丝绳、转动装置及换向爪，吊钩、棘轮或换向爪磨损达 10%者禁止使用。各连接部位出现松动或钢丝绳有断丝、锈蚀、退火等情况时禁止使用。

【多选题】棘轮紧线器使用前应检查（   ），吊钩、棘轮或换向爪磨损达 10%者禁止使用。

A. 吊钩 　　　　　　　　　B. 钢丝绳

C. 转动装置 　　　　　　　D. 换向爪

答案：ABCD

【判断题】各连接部位出现松动或钢丝绳有断丝、锈蚀、退火等情况时禁止使用。

答案：正确

14.2.11.2 操作时，操作人员不得站在棘轮紧线器正下方。

【单选题】棘轮紧线器操作时，操作人员不得站在棘轮紧线器（   ）。

A. 前方 　　　B. 后方 　　　C. 侧方 　　　D. 正下方

答案：D

14.3 施工机具保管和试验。

14.3.1 施工机具应有专用库房存放,库房要保持干燥、经常通风。

【单选题】施工机具应有专用库房存放,库房要保持（   ）、经常（   ）。

A. 整齐　通风 　　　　　　B. 干燥　通风

C. 干净　整齐 　　　　　　D. 湿润　整洁

答案：B

14.3.2 施工机具应定期维护、保养。施工机具的转动和传动部分应保持润滑。

【单选题】施工机具应定期维护、保养。施工机具的（   ）部分应保持润滑。

A. 转动和传动　　　　　　　B. 转动和机电

C. 传动和机电　　　　　　　D. 链接和电气

答案：A

【多选题】施工机具应定期进行（　　　）。

A. 试用　　　B. 保养　　　C. 维护　　　D. 修理

答案：BC

14.3.3 起重机具的检查、试验要求应满足附录 K 的规定。

14.3.4 施工机具应定期按标准试验。

【判断题】施工机具应不定期按标准试验。

答案：错误

14.4 电动工具使用和检查。

14.4.1 连接电动机械及电动工具的电气回路应单独设开关或插座，并装设剩余电流动作保护装置，金属外壳应接地；电动工具应做到"一机一闸一保护"。

【单选题】电动工具应做到（　　　）。

A. 一机一闸　　　　　　　　B. 一机两闸一保护

C. 一机一闸一线路　　　　　D. 一机一闸一保护

答案：D

【多选题】连接电动机械及电动工具的电气回路应（　　　）。

A. 单独设开关或插座

B. 装设剩余电流动作保护装置

C. 金属外壳应接地

D. 设置双开关或双刀闸

答案：ABC

14.4.2 电动工具使用前，应检查确认电线、接地或接零完好；检查确认工具的金属外壳可靠接地。

【判断题】电动工具使用前，应检查确认电线、接地或接零完好；检查确认工具的金属外壳可靠接地。

答案：正确

【多选题】电动工具使用前，应（　　　）。

A. 检查确认电线、接地完好

B. 检查确认电线、接零完好

C. 检查确认工具的金属外壳可靠接地

D. 检查外观光滑

答案：ABC

14.4.3 长期停用或新领用的电动工具应用绝缘电阻表测量其绝缘电阻，若带电部件与外壳之间的绝缘电阻值达不到 2MΩ，应禁止使用。

电动工具的电气部分维修后，应进行绝缘电阻测量及绝缘耐压试验。

【单选题】长期停用或新领用的电动工具应用绝缘电阻表测量其绝缘电阻，若带电部件与外壳之间的绝缘电阻值达不到（　　　）MΩ，应禁止使用。

A. 1　　　　　B. 2　　　　　C. 3　　　　　D. 4

答案：B

【多选题】电动工具的电气部分维修后，应进行（　　　）。

A. 外观检查　　　　　　　　B. 绝缘电阻测量

C. 绝缘耐压试验　　　　　　D. 直流电阻测量

答案：BC

14.4.4 使用电动工具，不得手提导线或转动部分。

使用金属外壳的电动工具，应戴绝缘手套。

【多选题】使用电动工具，不得手提（　　　）。

A. 导线　　　　　　　　　　B. 把手

C. 转动部分　　　　　　　　D. 器身

答案：AC

14.4.5 电动工具的电线不得接触热体或放在湿地上，使用时应避免载重车辆和重物压在电线上。

【多选题】电动工具的电线不得（　　　），使用时应避免载重车辆和重物压在电线上。

    A. 接触热体   B. 暴晒

    C. 多圈缠绕   D. 放在湿地上

    答案：AD

14.4.6 在使用电动工具的工作中,因故离开工作场所或暂时停止工作以及遇到临时停电时，应立即切断电源。

    【多选题】在使用电动工具的工作中,（   ）应立即切断电源。

    A. 因故离开工作场所   B. 暂时停止工作

    C. 遇到临时停电时   D. 换人工作时

    答案：ABC

14.4.7 在一般作业场所（包括金属构架上），应使用Ⅱ类电动工具（带绝缘外壳的工具）。

    【单选题】在一般作业场所（包括金属构架上），应使用Ⅱ类电动工具，是指（   ）。

    A. 功率较小的工具   B. 充电工具

    C. 带绝缘外壳的工具   D. 重量较重的工具

    答案：C

14.4.8 在潮湿或含有酸类的场地上以及在金属容器内，应使用24V及以下电动工具或Ⅱ类电动工具，并装设额定动作电流小于10mA、一般型（无延时）的剩余电流动作保护装置，且应设专人不间断监护。剩余电流动作保护装置、电源连接器和控制箱等应放在容器外面。电动工具的开关应设在监护人伸手可及的地方。

    【多选题】在潮湿或含有酸类的场地上以及在金属容器内，应（   ）。

    A. 使用24V及以下电动工具

    B. 装设额定动作电流小于10mA、一般型（无延时）的剩余电流动作保护装置

    C. 使用Ⅱ类电动工具

D. 且应设专人不间断监护

答案：ABCD

【多选题】在（　　），应使用 24V 及以下电动工具或Ⅱ类电动工具。

A. 潮湿的场地上　　　　　B. 含有酸类的场地上

C. 水泥地面上　　　　　　D. 金属容器内

答案：ABD

【判断题】电动工具的开关应设在监护人伸手可及的地方。

答案：正确

14.5　安全工器具使用和检查。

14.5.1　安全工器具使用前，应检查确认绝缘部分无裂纹、无老化、无绝缘层脱落、无严重伤痕等现象以及固定连接部分无松动、无锈蚀、无断裂等现象。对其绝缘部分的外观有疑问时应经绝缘试验合格后方可使用。

【单选题】安全工器具使用前，应检查确认（　　）部分无裂纹、无老化、无绝缘层脱落、无严重伤痕等现象以及固定连接部分无松动、无锈蚀、无断裂等现象。

A. 绝缘　　　B. 传动　　　C. 固定　　　D. 外壳

答案：A

【多选题】安全工器具使用前，应检查确认（　　）等现象。对其绝缘部分的外观有疑问时应经绝缘试验合格后方可使用。

A. 无绝缘层脱落、无严重伤痕等现象

B. 固定连接部分无松动、无锈蚀等现象

C. 绝缘部分无裂纹、无老化等现象

D. 固定连接部分无断裂等现象

答案：ABCD

【判断题】安全工器具使用前，应检查确认绝缘部分无裂纹、无老化、无绝缘层脱落、无严重伤痕等现象以及固定连接部分无松动、无锈蚀、无断裂等现象。对其绝缘部分的外观有疑问时应经绝缘试验合格后方可使用。

答案：正确

14.5.2 安全帽。

（1）使用前，应检查帽壳、帽衬、帽箍、顶衬、下颏带等附件完好无损。

（2）使用时，应将下颏带系好，防止工作中前倾后仰或其他原因造成滑落。

【多选题】安全帽使用前，应检查（   ）、下颏带等附件完好无损。

A. 帽壳　　　B. 帽衬　　　C. 帽箍　　　D. 顶衬

答案：ABCD

【判断题】安全帽使用时，应将下颏带系好，防止工作中前倾后仰或其他原因造成滑落。

答案：正确

14.5.3 绝缘手套。

（1）应柔软、接缝少、紧密牢固，长度应超衣袖。

（2）使用前应检查无粘连破损，气密性检查不合格者不得使用。

【多选题】绝缘手套应（   ），长度应超衣袖。

A. 湿润　　　B. 柔软　　　C. 接缝少　　　D. 紧密牢固

答案：BCD

14.5.4 绝缘操作杆、验电器和测量杆。

（1）允许使用电压应与设备电压等级相符。

（2）使用时，作业人员的手不得越过护环或手持部分的界限。人体应与带电设备保持安全距离，并注意防止绝缘杆被人体或设备短接，以保持有效的绝缘长度。

（3）雨天在户外操作电气设备时，操作杆的绝缘部分应有防雨罩或使用带绝缘子的操作杆。

【判断题】雨天在户外操作电气设备时，操作杆的绝缘部分应有防雨罩或使用带绝缘子的操作杆。

答案：正确

【判断题】绝缘操作杆、验电器和测量杆允许使用电压应与设备运行状况相符。

答案：错误

【判断题】绝缘操作杆、验电器和测量杆使用时，作业人员的手不得越过护环或手持部分的界限。

答案：正确

【判断题】人体应与带电设备保持安全距离，并注意防止绝缘杆被人体或设备短接，以保持有效的绝缘长度。

答案：正确

14.5.5 成套接地线。

（1）接地线的两端夹具应保证接地线与导体和接地装置都能接触良好、拆装方便，有足够的机械强度，并在大短路电流通过时不致松脱。

（2）使用前应检查确认完好，禁止使用绞线松股、断股、护套严重破损、夹具断裂松动的接地线。

【单选题】接地线的两端夹具应保证接地线与导体和接地装置都能接触良好、拆装方便，有足够的（　　），并在大短路电流通过时不致松脱。

A. 机械强度　　　　　　　　B. 耐压强度
C. 通流能力　　　　　　　　D. 拉伸能力

答案：A

【多选题】成套接地线使用前应检查确认完好，禁止使用（　　）的接地线。

A. 绞线松股　　　　　　　　B. 绞线断股
C. 护套严重破损　　　　　　D. 夹具断裂松动

答案：ABCD

14.5.6 绝缘隔板和绝缘罩。

（1）绝缘隔板和绝缘罩只允许在 35kV 及以下电压的电气设

备上使用，并应有足够的绝缘和机械强度。

（2）用于 10kV 电压等级时，绝缘隔板的厚度不得小于 3mm，用于 35（20）kV 电压等级不得小于 4mm。

（3）现场带电安放绝缘隔板及绝缘罩，应戴绝缘手套、使用绝缘操作杆，必要时可用绝缘绳索将其固定。

【单选题】绝缘隔板和绝缘罩只允许在（　　　）kV 及以下电压的电气设备上使用，并应有足够的绝缘和机械强度。

A. 10　　　　B. 20　　　　C. 35　　　　D. 110

答案：C

【单选题】用于 10kV 电压等级时，绝缘隔板的厚度不得小于（　　　）mm。

A. 3　　　　B. 4　　　　C. 5　　　　D. 8

答案：A

14.5.7　脚扣和登高板。

（1）禁止使用金属部分变形和绳（带）损伤的脚扣和登高板。

（2）特殊天气使用脚扣和登高板，应采取防滑措施。

【单选题】特殊天气使用脚扣和登高板，应采取（　　　）措施。

A. 绝缘　　　B. 防滑　　　C. 防护　　　D. 防断

答案：B

【多选题】禁止使用（　　　）的脚扣和登高板。

A. 金属部分变形　　　　　　B. 绳（带）损伤

C. 金属部分严重变形　　　　D. 绳（带）严重损伤

答案：AB

14.6　安全工器具保管和试验。

14.6.1　安全工器具保管。

14.6.1.1　安全工器具宜存放在温度为–15～+35℃、相对湿度为 80% 以下、干燥通风的安全工器具室内。

【单选题】安全工器具宜存放在温度为–15～+35℃、相对湿度为（　　　）、干燥通风的安全工器具室内。

A. 80%以下   B. 80%以上

C. 90%以下   D. 70%以下

答案：A

【单选题】安全工器具宜存放在温度为（   ）、相对湿度为80%以下、干燥通风的安全工器具室内。

A. −10～+35℃   B. −10～+30℃

C. −15～+35℃   D. −15～+30℃

答案：C

【多选题】安全工器具宜存放在（   ）的安全工器具室内。

A. 温度为−15～+35℃   B. 相对湿度为80%以下

C. 干燥通风   D. 干净

答案：ABC

14.6.1.2 安全工器具运输或存放在车辆上时，不得与酸、碱、油类和化学药品接触，并有防损伤和防绝缘性能破坏的措施。

【多选题】安全工器具运输或存放在车辆上时，不得与酸、碱、油类和化学药品接触，并有（   ）的措施。

A. 防晒   B. 防滑

C. 防损伤   D. 防绝缘性能破坏

答案：CD

14.6.1.3 成套接地线宜存放在专用架上，架上的编号与接地线的编号应一致。

【判断题】成套接地线宜存放在专用架上，架上的编号与接地线的编号应一致。

答案：正确

14.6.1.4 绝缘隔板和绝缘罩应存放在室内干燥、离地面 200mm以上的架上或专用的柜内。使用前应擦净灰尘。若表面有轻度擦伤，应涂绝缘漆处理。

【单选题】绝缘隔板和绝缘罩应存放在室内干燥、离地面（   ）mm以上的架上或专用的柜内。

A. 100 B. 150 C. 200 D. 300

答案：C

【单选题】绝缘隔板和绝缘罩应存放在（　　）。使用前应擦净灰尘。若表面有轻度擦伤，应涂绝缘漆处理。

A. 室内干燥的柜内

B. 室内干燥、离地面200mm以上的专用的柜内

C. 室内干燥、离地面200mm以上的架上

D. 室内干燥、离地面200mm以上的架上或专用的柜内

答案：D

【判断题】绝缘隔板和绝缘罩应存放在室内干燥、离地面200mm以上的架上或专用的柜内。使用前应擦净灰尘。若表面有轻度擦伤，应涂漆处理。

答案：错误

14.6.2 安全工器具试验。

14.6.2.1 安全工器具应进行国家规定的型式试验、出厂试验和使用中的周期性试验。

【单选题】安全工器具应进行国家规定的（　　）和使用中的周期性试验。

A. 科技试验、出厂试验　　　B. 型式试验、出厂试验

C. 外观检验、出厂试验　　　D. 外观检验、型式试验

答案：B

【单选题】安全工器具应进行国家规定的型式试验、出厂试验和使用中的（　　）。

A. 周期性试验　　　　　　　B. 电气试验

C. 机械试验　　　　　　　　D. 外观检查

答案：A

14.6.2.2 应试验的安全工器具如下：

（1）规程要求试验的安全工器具。

（2）新购置和自制的安全工器具。

（3）检修后或关键零部件已更换的安全工器具。

（4）对机械、绝缘性能产生疑问或发现缺陷的安全工器具。

（5）出了问题的同批次安全工器具。

【问答题】哪些安全工器具应进行试验？

答案：应试验的安全工器具如下：

（1）规程要求试验的安全工器具。

（2）新购置和自制的安全工器具。

（3）检修后或关键零部件已更换的安全工器具。

（4）对机械、绝缘性能产生疑问或发现缺陷的安全工器具。

（5）出了问题的同批次安全工器具。

14.6.2.3 安全工器具经试验合格后，应在不妨碍绝缘性能且醒目的部位粘贴合格证。

【判断题】安全工器具经试验合格后，应在醒目的部位粘贴合格证。

答案：错误

14.6.2.4 安全工器具的电气试验和机械试验可由使用单位根据试验标准和周期进行，也可委托有资质的机构试验。

【单选题】安全工器具的（　　）可由使用单位根据试验标准和周期进行，也可委托有资质的机构试验。

A. 外观检查和电气试验　　　B. 耐压试验和机械试验

C. 电气试验和机械试验　　　D. 外观检查和机械试验

答案：C

【多选题】安全工器具的电气试验和机械试验可由使用单位根据（　　）进行，也可委托有资质的机构试验。

A. 试验标准　　　　　　　　B. 实际需求

C. 使用状况　　　　　　　　D. 试验周期

答案：AD

14.6.2.5 安全工器具试验项目、周期和要求见附录 H。

15 动 火 工 作

15.1 一般要求。

15.1.1 动火工作票各级审批人员和签发人、工作负责人、许可人、消防监护人、动火执行人应具备相应资质，在整个作业流程中应履行各自的安全责任。

【判断题】动火工作票各级审批人员和签发人、工作负责人、许可人、消防监护人、动火执行人应具备相同资质，在整个作业流程中应履行各自的安全责任。

答案：错误

15.1.2 动火作业中使用的机具、气瓶等应合格、完整。

【判断题】动火作业中使用的机具、气瓶等应合格、完整。

答案：正确

15.1.3 在重点防火部位、存放易燃易爆物品的场所附近及存有易燃物品的容器上焊接、切割时，应严格执行动火工作的有关规定，填用动火工作票，备有必要的消防器材。

【多选题】在（　　　）焊接、切割时，应严格执行动火工作的有关规定，填用动火工作票，备有必要的消防器材。

A. 重点防火部位

B. 存放易燃易爆物品的场所附近

C. 存有易燃物品的容器上

D. 防火场所或设备上

答案：ABC

15.2 动火作业。

15.2.1 动火作业，是指能直接或间接产生明火的作业，包括熔化焊接、切割、喷枪、喷灯、钻孔、打磨、锤击、破碎、切削等。

【多选题】动火作业，是指能（　　　）。

A. 直接产生明火的作业

B. 间接产生明火的作业

C. 包括熔化焊接、切割、喷枪等

D. 包括喷灯、钻孔、打磨、锤击、破碎、切削等

答案：ABCD

15.2.2 在重点防火部位或场所以及禁止明火区动火作业,应填用动火工作票,其方式有下列两种：

（1）填用配电一级动火工作票（见附录 L）。

（2）填用配电二级动火工作票（见附录 M）。

【多选题】在重点防火部位或场所以及禁止明火区动火作业,应填用动火工作票,其方式有（   ）。

A. 填用配电一级动火工作票

B. 填用配电二级动火工作票

C. 填用三级动火工作票

D. 填用作业指导书

答案：AB

15.2.3 在一级动火区动火作业,应填用一级动火工作票。

一级动火区,是指火灾危险性很大,发生火灾时后果很严重的部位、场所或设备。

【单选题】火灾危险性很大,发生火灾时后果很严重的部位或场所是（   ）动火区。

A. 三级　　　B. 二级　　　C. 一级　　　D. 重点

答案：C

15.2.4 在二级动火区动火作业,应填用二级动火工作票。

二级动火区,是指一级动火区以外的所有防火重点部位、场所或设备及禁火区域。

【多选题】二级动火区,是指一级动火区以外的所有（   ）。

A. 防火重点部位　　　　　　B. 防火重点场所或设备

C. 禁火区域　　　　　　　　D. 油料储存区域

答案：ABC

15.2.5 各单位可参照附录 N 和现场情况划分一级和二级动火区，制定需要执行一级和二级动火工作票的工作项目一览表，并经本单位批准后执行。

【判断题】各单位可参照附录 N 和现场情况划分一级和二级动火区，制定需要执行一级和二级动火工作票的工作项目一览表，并经本单位批准后执行。

答案：正确

15.2.6 动火工作票不得代替设备停复役手续或检修工作票、工作任务单和故障紧急抢修单。动火工作票备注栏中应注明对应的检修工作票、工作任务单或故障紧急抢修单的编号。

【多选题】动火工作票备注栏中应注明对应的（　　）编号。

A. 检修工作票　　　　　　　B. 工作任务单

C. 故障紧急抢修单　　　　　D. 设备停复役手续

答案：ABC

【多选题】动火工作票不得代替（　　）。

A. 检修工作票　　　　　　　B. 工作任务单

C. 故障紧急抢修单　　　　　D. 设备停复役手续

答案：ABCD

【判断题】动火工作票可以代替设备停复役手续或检修工作票、工作任务单和故障紧急抢修单。

答案：错误

15.2.7 动火工作票的填写与签发。

15.2.7.1 动火工作票由动火工作负责人填写。

【单选题】动火工作票由动火（　　）填写。

A. 工作负责人　　　　　　　B. 作业人员

C. 检修人员　　　　　　　　D. 工作许可人

答案：A

15.2.7.2 动火工作票应使用黑色或蓝色的钢（水）笔或圆珠笔填

写与签发，内容应正确、填写应清楚，不得任意涂改。若有个别错、漏字需要修改、补充时，应使用规范的符号，字迹应清楚。用计算机生成或打印的动火工作票应使用统一的票面格式，由工作票签发人审核无误，并手工或电子签名。

动火工作票一般至少一式三份，一份由工作负责人收执、一份由动火执行人收执、一份保存在安监部门（或具有消防管理职责的部门）（指一级动火工作票）或动火的工区（指二级动火工作票）。若动火工作与运维有关，即需要运维人员对设备系统采取隔离、冲洗等防火安全措施者，还应增加一份交运维人员收执。

【多选题】动火工作票应使用黑色或蓝色（　　　）填写与签发，内容应正确、填写应清楚，不得任意涂改。

A. 钢笔　　　　B. 圆珠笔　　　C. 铅笔　　　　D. 水笔

答案：ABD

【多选题】开展一级动火作业时，动火工作票一般至少一式三份，分别由（　　　）收执动火工作票。

A. 工作负责人

B. 动火执行人

C. 安监部门（或具有消防管理职责的部门）

D. 动火部门

答案：ABC

【判断题】用计算机生成或打印的动火工作票应使用统一的票面格式，由工作票签发人审核无误，且必须手工签名后方可执行。

答案：错误

15.2.7.3　一级动火工作票由动火工作票签发人签发，工区安监负责人、消防管理负责人审核，工区分管生产的领导或技术负责人（总工程师）批准，必要时还应报当地地方公安消防部门批准。

【单选题】一级动火工作票由（　　　）审核。

A. 申请动火工区的动火工作票签发人

B. 工区安监负责人、消防管理负责人

C. 工区分管生产的领导或技术负责人（总工程师）

D. 公司安监负责人、消防管理负责人

答案：B

【单选题】一级动火工作票由（ ）批准，必要时还应报当地地方公安消防部门批准。

A. 申请动火工区的动火工作票签发人

B. 工区安监负责人、消防管理负责人

C. 工区分管生产的领导或技术负责人（总工程师）

D. 公司分管生产的领导或技术负责人（总工程师）

答案：C

【判断题】一级动火工作票由动火工作票签发人签发，工区安监负责人、消防人员审核，工区分管生产的领导或技术负责人（总工程师）批准，必要时还应报当地地方公安消防部门批准。

答案：错误

15.2.7.4 二级动火工作票由动火工作票签发人签发，工区安监人员、消防人员审核，工区分管生产的领导或技术负责人（总工程师）批准。

【单选题】二级动火工作票由（ ）审核。

A. 申请动火工区的动火工作票签发人

B. 工区安监人员、消防人员

C. 工区分管生产的领导或技术负责人（总工程师）

D. 公司分管生产的领导或技术负责人（总工程师）

答案：B

【单选题】二级动火工作票由（ ）批准。

A. 申请动火工区的动火工作票签发人

B. 工区安监人员、消防人员

C. 工区分管生产的领导或技术负责人（总工程师）

D. 公司安监人员、消防人员

答案：C

【判断题】二级动火工作票由工作票签发人签发，工区安监人员、消防人员审核，工区领导批准。

答案：错误

15.2.7.5 动火工作票签发人不得兼任动火工作负责人。动火工作票的审批人、消防监护人不得签发动火工作票。

【判断题】动火工作票签发人可以兼任动火工作负责人。

答案：错误

【判断题】动火工作票的审批人可以签发动火工作票。

答案：错误

【判断题】动火工作票签发人不得兼任动火工作负责人。动火工作票的审批人、消防监护人不得签发动火工作票。

答案：正确

15.2.7.6 外单位到生产区域内动火时，动火工作票由设备运维管理单位签发和审批，也可由外单位和设备运维管理单位实行"双签发"。

【判断题】外单位到生产区域内动火时，动火工作票必须由设备运维管理单位签发和审批。

答案：错误

15.2.8 动火工作票的有效期。

15.2.8.1 一级动火工作票的有效期为 24h，二级动火工作票的有效期为 120h。

【单选题】一级动火工作票的有效期为（　　）h。

A. 12　　　　B. 24　　　　C. 36　　　　D. 48

答案：B

【单选题】二级动火工作票的有效期为（　　）h。

Λ. 24　　　　B. 48　　　　C. 96　　　　D. 120

答案：D

【判断题】一级动火工作票的有效期为48h。

答案：错误

【判断题】二级动火工作票的有效期为 120h。

答案：正确

15.2.8.2 动火作业超过有效期，应重新办理动火工作票。

【判断题】动火作业超过有效期，原动火工作票由动火工作票签发人审核后可继续使用。

答案：错误

15.2.9 动火工作票所列人员的基本条件：

（1）一、二级动火工作票签发人应是经本单位考试合格，并经本单位批准且公布的有关部门负责人、技术负责人或经本单位批准的其他人员。

（2）动火工作负责人应是具备检修工作负责人资格并经工区考试合格的人员。

（3）动火执行人应具备有关部门颁发的资质证书。

【单选题】动火工作负责人应是具备（   ）并经工区考试合格的人员。

A. 工作票签发人资格　　　　B. 工作许可人资格

C. 检修工作负责人资格　　　D. 有关部门颁发的合格证

答案：C

【单选题】动火执行人应具备有关部门颁发的（   ）。

A. 许可证　　　　　　　　　B. 工作证

C. 资质证书　　　　　　　　D. 消防执法证书

答案：C

【多选题】一、二级动火工作票签发人应是经本单位考试合格，并经本单位批准且公布的有关部门（   ）。

A. 负责人　　　　　　　　　B. 技术负责人

C. 有关班组班长　　　　　　D. 经本单位批准的其他人员

答案：ABD

15.2.10 动火工作票所列人员的安全责任。

15.2.10.1 动火工作票各级审批人员和签发人：

（1）工作的必要性。

（2）工作的安全性。

（3）工作票上所填安全措施是否正确完备。

【多选题】动火工作票各级审批人员和签发人的安全责任包括（　　　）。

A. 工作的必要性

B. 工作的安全性

C. 工作班成员精神状态是否良好

D. 工作票上所填安全措施是否正确完备

答案：ABD

15.2.10.2 动火工作负责人：

（1）正确安全地组织动火工作。

（2）负责检修应做的安全措施并使其完善。

（3）向有关人员布置动火工作，交待防火安全措施，进行安全教育。

（4）始终监督现场动火工作。

（5）负责办理动火工作票开工和终结手续。

（6）动火工作间断、终结时检查现场有无残留火种。

【单选题】以下所列的安全责任中，（　　　）是动火工作负责人的一项安全责任。

A. 负责动火现场配备必要的、足够的消防设施

B. 工作的安全性

C. 向有关人员布置动火工作，交待防火安全措施，进行安全教育

D. 工作票所列安全措施是否正确完备，是否符合现场条件

答案：C

【单选题】以下所列的安全责任中，（　　　）不是动火工作负责人的安全责任。

A. 检修工作的必要性

B. 向有关人员布置动火工作，交待防火安全措施，进行安全教育

C. 负责办理动火工作票开工和终结手续

D. 动火工作间断、终结时检查现场有无残留火种

答案：A

15.2.10.3 运维许可人：

（1）工作票所列安全措施是否正确完备，是否符合现场条件。

（2）动火设备与运行设备是否确已隔绝。

（3）向工作负责人现场交待运维所做的安全措施是否完善。

【单选题】以下所列的安全责任中，（　　　）不是动火工作运维许可人的安全责任。

A. 工作票所列安全措施是否正确完备，是否符合现场条件

B. 动火设备与运行设备是否确已隔绝

C. 向工作负责人现场交待运维所做的安全措施是否完善

D. 动火工作间断、终结时检查现场有无残留火种

答案：D

【多选题】动火工作运维许可人的安全责任包括（　　　）。

A. 工作票所列安全措施是否正确完备，是否符合现场条件

B. 动火设备与运行设备是否确已隔绝

C. 向工作负责人现场交待运维所做的安全措施是否完善

D. 始终监督现场动火工作

答案：ABC

15.2.10.4 消防监护人：

（1）负责动火现场配备必要的、足够的消防设施。

（2）负责检查现场消防安全措施的完善和正确。

（3）测定或指定专人测定动火部位（现场）可燃气体、易燃液体的可燃蒸汽含量是否合格。

（4）始终监视现场动火作业的动态，发现失火及时扑救。

（5）动火工作间断、终结时检查现场有无残留火种。

【多选题】下列内容哪些属于消防监护人的安全责任（   ）。

A. 负责动火现场配备必要的、足够的消防设施

B. 测定或指定专人测定动火部位（现场）可燃气体、易燃液体的可燃蒸汽含量是否合格

C. 始终监视现场动火作业的动态，发现失火及时扑救

D. 动火工作间断、终结时检查现场有无残留火种

答案：ABCD

【判断题】负责检查现场消防安全措施的完善和正确是消防监护人的安全责任。

答案：正确

15.2.10.5　动火执行人：

（1）动火前应收到经审核批准且允许动火的动火工作票。

（2）按本工种规定的防火安全要求做好安全措施。

（3）全面了解动火工作任务和要求，并在规定的范围内执行动火。

（4）动火工作间断、终结时清理现场并检查有无残留火种。

【多选题】动火执行人的安全责任有（   ）。

A. 动火前应收到经审核批准且允许动火的动火工作票

B. 按本工种规定的防火安全要求做好安全措施

C. 全面了解动火工作任务和要求，并在规定的范围内执行动火

D. 动火工作间断、终结时清理现场并检查有无残留火种

答案：ABCD

【判断题】动火工作间断、终结时清理现场并检查有无残留火种是动火执行人的安全责任。

答案：正确

15.2.11　动火作业防火安全要求。

15.2.11.1　有条件拆下的构件，如油管、阀门等应拆下来移至安

全场所。

【判断题】有条件拆下的构件，如油管、阀门等应拆下来移至安全场所。

答案：正确

15.2.11.2 可以采用不动火的方法替代而同样能够达到效果时，尽量采用替代的方法处理。

【判断题】可以采用不动火的方法替代而同样能够达到效果时，尽量采用替代的方法处理。

答案：正确

15.2.11.3 尽可能地把动火时间和范围压缩到最低限度。

【判断题】尽可能地把动火时间和范围延长到最大限度。

答案：错误

15.2.11.4 凡盛有或盛过易燃易爆等化学危险物品的容器、设备、管道等生产、储存装置，在动火作业前应将其与生产系统彻底隔离，并进行清洗置换，检测可燃气体、易燃液体的可燃蒸汽含量合格后，方可动火作业。

【多选题】凡盛有或盛过易燃易爆等化学危险物品的容器、设备、管道等生产、储存装置，在动火作业前应（　　　）后，方可动火作业。

A. 将其与生产系统彻底隔离

B. 进行清洗置换

C. 检测可燃气体的可燃蒸汽含量合格

D. 检测易燃液体的可燃蒸汽含量合格

答案：ABCD

15.2.11.5 动火作业应有专人监护，动火作业前应清除动火现场及周围的易燃物品，或采取其他有效的防火安全措施，配备足够适用的消防器材。

【单选题】动火作业应有（　　　）监护，动火作业前应清除动火现场及周围的易燃物品，或采取其他有效的防火安全措施，配备足够适用的消防器材。

    A. 动火工作负责人   B. 运维许可人

    C. 专人   D. 两人

    答案：C

【多选题】动火作业应有专人监护，动火作业前应（   ）。

    A. 清除动火现场及周围的易燃物品

    B. 采取其他有效的防火安全措施

    C. 配备足够适用的消防器材

    D. 公司安监部门签发人、监护人全部到位

    答案：ABC

15.2.11.6 动火作业现场的通排风应良好，以保证泄漏的气体能顺畅排走。

【判断题】动火作业现场的通排风应良好，以保证泄漏的气体能顺畅排走。

    答案：正确

15.2.11.7 动火作业间断或终结后，应清理现场，确认无残留火种后，方可离开。

【判断题】动火作业间断或终结后，应清理现场，方可离开。

    答案：错误

15.2.11.8 下列情况禁止动火：

    （1）压力容器或管道未泄压前。

    （2）存放易燃易爆物品的容器未清洗干净前或未进行有效置换前。

    （3）风力达 5 级以上的露天作业。

    （4）喷漆现场。

    （5）遇有火险异常情况未查明原因和消除前。

【单选题】风力达（   ）级以上的露天作业禁止动火。

    A. 3   B. 4   C. 5   D. 6

    答案：C

【多选题】下列情况下禁止动火：（　　）、遇有火险异常情况未查明原因和消除前。

A. 压力容器或管道未泄压前

B. 存放易燃易爆物品的容器未清洗干净前或未进行有效置换前

C. 风力达 5 级以上的露天作业

D. 喷漆现场

答案：ABCD

【判断题】压力容器或管道未泄压前在做好适当安全措施后可以动火。

答案：错误

15.2.12 动火作业的现场监护。

15.2.12.1 一级动火在首次动火时，各级审批人和动火工作票签发人均应到现场检查防火安全措施是否正确完备，测定可燃气体、易燃液体的可燃蒸汽含量是否合格，并在监护下做明火试验，确无问题后方可动火。

【单选题】一级动火在首次动火时，各级审批人和（　　）均应到现场检查防火安全措施是否正确完备，测定可燃气体、易燃液体的可燃蒸汽含量是否合格，并在监护下做明火试验，确无问题后方可动火。

A. 动火工作负责人　　　　B. 动火工作票签发人

C. 消防监护人　　　　　　D. 公司安监人员

答案：B

【多选题】一级动火在首次动火时，各级审批人和动火工作票签发人均应到现场（　　），确无问题后方可动火。

A. 检查防火安全措施是否正确完备

B. 在监护下做明火试验

C. 测定可燃气体的可燃蒸汽含量是否合格

D. 测定易燃液体的可燃蒸汽含量是否合格

答案：ABCD

二级动火时，工区分管生产的领导或技术负责人（总工程师）可不到现场。

【判断题】二级动火时，工区分管生产的领导或技术负责人（总工程师）必须到现场。

答案：错误

15.2.12.2 一级动火时，工区分管生产的领导或技术负责人（总工程师）、消防（专职）人员应始终在现场监护。

【多选题】一级动火时，（   ）应始终在现场监护。

A. 工区负责人

B. 工区技术负责人

C. 工区分管生产的领导或技术负责人（总工程师）

D. 工区消防（专职）人员

答案：CD

15.2.12.3 二级动火时，工区应指定人员，并和消防（专职）人员或指定的义务消防员始终在现场监护。

【单选题】二级动火时，（   ）应指定人员，并和消防（专职）人员或指定的义务消防员始终在现场监护。

A. 各级审批人   B. 供电公司负责人

C. 工区   D. 供电公司安监部门

答案：C

15.2.12.4 一、二级动火工作在次日动火前应重新检查防火安全措施，并测定可燃气体、易燃液体的可燃蒸汽含量，合格方可重新动火。

【多选题】一、二级动火工作在次日动火前应（   ），方可重新动火。

A. 重新检查防火安全措施

B. 测定可燃气体的可燃气体含量

C. 测定易燃液体的可燃气体含量

D. 检查、测定合格

答案：ABCD

15.2.12.5 一级动火工作过程中，应每隔 2～4h 测定一次现场可燃气体、易燃液体的可燃蒸汽含量是否合格，当发现不合格或异常升高时应立即停止动火，在未查明原因或未排除险情前不得重新动火。

动火执行人、监护人同时离开作业现场，间断时间超过 30min，继续动火前，动火执行人、监护人应重新确认安全条件。

一级动火作业，间断时间超过 2h，继续动火前，应重新测定可燃气体、易燃液体的可燃蒸汽含量，合格后方可重新动火。

【单选题】一级动火工作的过程中，应每隔（　　）测定一次现场可燃气体、易燃液体的可燃蒸汽含量是否合格。

A. 1～2h　　　B. 2～3h　　　C. 2～4h　　　D. 3～4h

答案：C

【单选题】动火执行人、监护人同时离开作业现场，间断时间超过（　　）min，继续动火前，动火执行人、监护人应重新确认安全条件。

A. 15　　　　B. 30　　　　C. 45　　　　D. 60

答案：B

【单选题】一级动火作业，间断时间超过（　　），继续动火前，应重新测定可燃气体、易燃液体的可燃蒸汽含量，合格后方可重新动火。

A. 30min　　　B. 1.0h　　　C. 2.0h　　　D. 3.0h

答案：C

15.2.13 动火工作完毕后，动火执行人、消防监护人、动火工作负责人和运维许可人应检查现场有无残留火种，是否清洁等。确认无问题后，在动火工作票上填明动火工作结束时间，经四方签名后（若动火工作与运维无关，则三方签名即可），盖上"已终结"印章，动火工作方告终结。

【多选题】动火工作完毕后，（   ）和运维许可人应检查现场有无残留火种，是否清洁等。

A. 动火工作票签发人   B. 动火执行人

C. 消防监护人   D. 动火工作负责人

答案：BCD

【判断题】动火工作完毕，现场检查确认无问题后，在动火工作票上填明动火工作结束时间，经四方签名后（若动火工作与运维无关，则三方签名即可），盖上"已终结"印章，动火工作方告终结。

答案：正确

15.2.14　动火工作终结后，工作负责人、动火执行人的动火工作票应交给动火工作票签发人，签发人将其中的一份交工区。

【单选题】动火工作终结后，工作负责人、动火执行人的动火工作票应交给（   ），签发人将其中的一份交工区。

A. 消防监护人   B. 动火工作票签发人

C. 工区   D. 运维许可人

答案：B

15.2.15　动火工作票至少应保存 1 年。

【单选题】动火工作票至少应保存（   ）。

A. 6 个月   B. 1 年   C. 1.5 年   D. 2 年

答案：B

【判断题】动火工作票至少应保存半年。

答案：错误

15.3　焊接、切割。

15.3.1　禁止在带有压力（液体压力或气体压力）的设备上或带电的设备上焊接。

【判断题】在带有压力（液体压力或气体压力）的设备上或带电的设备上焊接时应采取特殊安全措施。

答案：错误

15.3.2 禁止在油漆未干的结构或其他物体上焊接。

【判断题】禁止在油漆未干的结构或其他物体上焊接。

答案：正确

15.3.3 在风力 5 级及以上、雨雪天，焊接或切割应采取防风、防雨雪的措施。

【单选题】在风力（   ）级及以上、雨雪天，焊接或切割应采取防风、防雨雪的措施。

A. 4   B. 5   C. 6   D. 7

答案：B

【多选题】在风力 5 级及以上、雨雪天，焊接或切割应采取（   ）的措施。

A. 防风   B. 防雨雪

C. 特殊安全   D. 防范周密

答案：AB

15.3.4 电焊机的外壳应可靠接地，接地电阻不得大于 4Ω。

【单选题】电焊机的外壳应可靠接地，接地电阻不得大于（   ）Ω。

A. 2   B. 3   C. 4   D. 5

答案：C

15.3.5 气瓶搬运的安全要求。

15.3.5.1 气瓶搬运应使用专门的抬架或手推车。

【判断题】气瓶搬运应使用专门的抬架或手推车。

答案：正确

15.3.5.2 用汽车运输气瓶，气瓶不得顺车厢纵向放置，应横向放置并可靠固定。气瓶押运人员应坐在司机驾驶室内，禁止坐在车厢内。

【判断题】用汽车运输气瓶，气瓶可以顺车厢纵向放置。

答案：错误

【判断题】气瓶押运人员可坐在车厢内。

答案：错误

15.3.5.3 禁止将氧气瓶与乙炔气瓶、与易燃物品或与装有可燃气体的容器放在一起运送。

【多选题】禁止将氧气瓶与（　　　）放在一起运送。

A. 乙炔气瓶　　　　　　　　B. 易燃物品

C. 装有可燃气体的容器　　　D. 装有可燃液体的容器

答案：ABC

15.3.6 使用中的氧气瓶和乙炔气瓶应垂直固定放置，氧气瓶和乙炔气瓶的距离不得小于 5m；气瓶的放置地点不得靠近热源，应距明火 10m 以外。

【单选题】使用中的氧气瓶和乙炔气瓶应（　　　）固定放置，氧气瓶和乙炔气瓶的距离不得小于 5m；气瓶的放置地点不得靠近热源，应距明火 10m 以外。

A. 水平　　　　B. 倾斜　　　　C. 并排　　　　D. 垂直

答案：D

【单选题】使用中的氧气瓶和乙炔气瓶应垂直固定放置，氧气瓶和乙炔气瓶的距离不得小于（　　　）m；气瓶的放置地点不得靠近热源，应距明火（　　　）m 以外。

A. 4，8　　　　B. 5，10　　　　C. 5，8　　　　D. 4，10

答案：B

16 起重与运输

16.1 一般要求。

16.1.1 起重设备的操作人员和指挥人员应经专业技术培训,并经实际操作及有关安全规程考试合格、取得合格证后方可独立上岗作业,其合格证种类应与所操作(指挥)的起重设备类型相符。起重设备作业人员在作业中应严格执行起重设备的操作规程和有关安全规章制度。

【多选题】起重设备的操作人员和指挥人员应(   )后方可独立上岗作业,其合格证种类应与所操作(指挥)的起重设备类型相符。

A. 经专业技术培训

B. 经实际操作及有关安全规程考试合格、取得合格证

C. 熟悉起重设备

D. 熟悉作业指导书

答案: AB

【判断题】起重设备作业人员在作业中应严格执行起重设备的操作规程和有关安全规章制度。

答案: 正确

16.1.2 重大物件的起重、搬运工作应由有经验的专人负责,作业前应进行技术交底。起重搬运时只能由一人统一指挥,必要时可设置中间指挥人员传递信号。起重指挥信号应简明、统一、畅通,分工明确。

【单选题】重大物件的起重、搬运工作应由有经验的专人负责,作业前应进行(   )。

A. 技术交底   B. 安全交底

C. 安全教育   D.《安规》考试

答案：A

【单选题】重大物件的起重、搬运工作应由（　　）负责，作业前应进行技术交底。

A. 工作负责人　　　　　B. 有经验的专人

C. 持证上岗人员　　　　D. 工程技术人员

答案：B

【判断题】起重搬运时只能由一人统一指挥，禁止设置中间指挥人员传递信号。

答案：错误

【判断题】起重指挥信号应简明、统一、畅通，分工明确。

答案：正确

16.1.3　起重设备应经检验检测机构检验合格，并在特种设备安全监督管理部门登记。

【单选题】起重设备应经（　　）检验合格，并在特种设备安全监督管理部门登记。

A. 设备管理部门　　　　B. 公司质检中心

C. 检验检测机构　　　　D. 质量监督部门

答案：C

【单选题】起重设备应经检验检测机构检验合格，并在（　　）登记。

A. 设备管理部门

B. 公司质检中心

C. 特种设备安全监督管理部门

D. 质量监督部门

答案：C

16.1.4　对在用起重设备，每次使用前应进行一次常规性检查，并做好记录。

【单选题】对在用起重设备，（　　）应进行一次常规性检查，并做好记录。

A. 每次使用前　　　　　　B. 每半年

C. 每年　　　　　　　　　D. 每两年

答案：A

16.1.5 起重设备、吊索具和其他起重工具的工作负荷，不得超过铭牌规定。

【单选题】起重设备、吊索具和其他起重工具的工作负荷，不得超过（　　　）。

A. 额定标准　　　　　　　B. 铭牌规定

C. 规程要求　　　　　　　D. 公司标准

答案：B

16.1.6 遇有 6 级以上的大风时，禁止露天进行起重工作。当风力达到 5 级以上时，受风面积较大的物体不宜起吊。雷雨时，应停止野外起重作业。

【单选题】当风力达到（　　　）级以上时，受风面积较大的物体不宜起吊。

A. 4　　　　　　B. 5　　　　　　C. 6　　　　　　D. 7

答案：B

【判断题】遇有 6 级以上的大风时，禁止露天进行起重工作。

答案：正确

【判断题】雷雨时，应停止室内起重作业。

答案：错误

16.1.7 遇有大雾、照明不足、指挥人员看不清各工作地点或起重机操作人员未获得有效指挥时，不得进行起重作业。

【多选题】遇有（　　　）时，不得进行起重作业。

A. 大雾

B. 照明不足

C. 指挥人员看不清各工作地点

D. 起重机操作人员未获得有效指挥

答案：ABCD

16.1.8 在道路上施工应装设遮栏（围栏），并悬挂警告标示牌。

【判断题】在道路上施工应装设遮栏（围栏），并悬挂警告标示牌。

答案：正确

16.2 起重。

16.2.1 起吊重物前,应由起重工作负责人检查悬吊情况及所吊物件的捆绑情况,确认可靠后方可试行起吊。起吊重物稍离地面（或支持物）,应再次检查各受力部位,确认无异常情况后方可继续起吊。

【单选题】起吊重物（　　　），应再次检查各受力部位，确认无异常情况后方可继续起吊。

A. 离地 0.4m 后　　　　　　B. 离地 0.2m 后
C. 稍离地面（或支持物）　D. 中间过程

答案：C

【单选题】起吊重物前，应由（　　　）检查悬吊情况及所吊物件的捆绑情况，确认可靠后方可试行起吊。

A. 起重指挥人员　　　　　　B. 起重操作人员
C. 起重工作负责人　　　　　D. 起重监护人员

答案：C

【单选题】起吊重物稍离地面（或支持物），应再次检查（　　　），确认无异常情况后方可继续起吊。

A. 各受力部位　　　　　　　B. 重心位置
C. 是否偏离方向　　　　　　D. 是否安全可靠

答案：A

【多选题】起吊重物前，应由起重工作负责人（　　　）后方可试行起吊。

A. 检查悬吊情况　　　　　　B. 检查所吊物件的捆绑情况
C. 确认可靠　　　　　　　　D. 确认周边无人

答案：ABC

16.2.2 起吊物件应绑扎牢固，若物件有棱角或特别光滑的部位时，在棱角和滑面与绳索（吊带）接触处应加以包垫。起重吊钩应挂在物件的重心线上。起吊电杆等长物件应选择合理的吊点，并采取防止突然倾倒的措施。

【多选题】起吊物件应绑扎牢固，若物件有棱角或特别光滑的部位时，在（　　　）与绳索（吊带）接触处应加以包垫。

A. 滑面　　　　　　　　　　　B. 物件周围

C. 物件表面　　　　　　　　　D. 棱角

答案：AD

【单选题】起重吊钩应挂在物件的（　　　）上。

A. 重心线　　　　　　　　　　B. 中心线

C. 底部构件　　　　　　　　　D. 顶部构件

答案：A

【判断题】起吊电杆等长物件应选择合理的吊点，并采取防止突然倾倒的措施。

答案：正确

16.2.3 在起吊、牵引过程中，受力钢丝绳的周围、上下方、转向滑车内角侧、吊臂和起吊物的下面，禁止有人逗留和通过。

【单选题】在起吊、牵引过程中，受力钢丝绳的周围、上下方、转向滑车（　　　）、吊臂和起吊物的下面，禁止有人逗留和通过。

A. 前后方　　　　　　　　　　B. 上下方

C. 内角侧　　　　　　　　　　D. 外角侧

答案：C

【判断题】在起吊、牵引过程中，受力钢丝绳的周围、上下方、转向滑车内角侧、吊臂和起吊物的下面，禁止有人逗留和通过。

答案：正确

16.2.4 汽车式起重机行驶时，上车操作室不得坐人。

【判断题】汽车式起重机行驶时，上车操作室不得坐人。

答案：正确

16.2.5 起重机停放或行驶时，其车轮、支腿或履带的前端或外侧与沟、坑边缘的距离不得小于沟、坑深度的 1.2 倍；否则应采取防倾、防坍塌措施。

【单选题】起重机停放或行驶时，其车轮、支腿或履带的前端或外侧与沟、坑边缘的距离不得小于沟、坑深度的（　　）倍；否则应采取防倾、防坍塌措施。

A. 1.2　　　　B. 1.5　　　　C. 1.8　　　　D. 2.0

答案：A

16.2.6 作业时，起重机应置于平坦、坚实的地面上。不得在暗沟、地下管线等上面作业；无法避免时，应采取防护措施。

【多选题】作业时，起重机（　　）。

A. 应置于平坦、坚实的地面上

B. 不得在暗沟上面作业

C. 不得在地下管线上面作业

D. 不得在人行道上作业

答案：ABC

16.2.7 作业时，起重机臂架、吊具、辅具、钢丝绳及吊物等与架空输电线路及其他带电体的距离不得小于表 6-1 的规定，且应设专人监护。小于表 6-1、大于表 3-1 规定的安全距离时，应制定防止误碰带电设备的安全措施，并经本单位批准。小于表 3-1 规定的安全距离时，应停电进行。

【单选题】起重作业时，起重机臂架、吊具、辅具、钢丝绳及吊物等与 110kV 架空输电线路及其他带电体的距离不得小于（　　）m，且应设专人监护。

A. 2.0　　　　B. 4.0　　　　C. 5.0　　　　D. 6.0

答案：C

【判断题】起重作业小于表 3-1、大于表 6-1 规定的安全距离时，应制定防止误碰带电设备的安全措施，并经本单位批准。

答案：错误

16.2.8 起重设备长期或频繁地靠近架空线路或其他带电体作业时，应采取隔离防护措施。

【判断题】起重设备长期或频繁地靠近架空线路或其他带电体作业时，应设置专人监护。

答案：错误

16.2.9 在带电设备区域内使用起重机等起重设备时，应安装接地线并可靠接地，接地线应用多股软铜线，其截面积不得小于 $16mm^2$。

【单选题】在带电设备区域内使用起重机等起重设备时，应安装接地线并可靠接地，接地线应用多股软铜线，其截面积不得小于（   ）mm^2。

A. 25.0   B. 16.0   C. 10.0   D. 35.0

答案：B

【单选题】在带电设备区域内使用起重机等起重设备时，应（   ），接地线应用多股软铜线，其截面积不得小于 $16mm^2$。

A. 安装接地线   B. 可靠接地

C. 安装接地线并可靠接地   D. 对角装设接地

答案：C

16.2.10 禁止用起重机起吊埋在地下的不明物件。

【判断题】禁止用起重机起吊埋在地下的不明物件。

答案：正确

16.2.11 禁止与工作无关人员在起重工作区域内行走或停留。

【判断题】禁止与工作班成员在起重工作区域内行走或停留。

答案：错误

16.2.12 作业时，禁止吊物上站人，禁止作业人员利用吊钩来上升或下降。

【判断题】作业时，禁止吊物上站人，禁止作业人员利用吊钩来上升或下降。

答案：正确

16.2.13 起重机上应备有灭火装置，驾驶室内应铺橡胶绝缘垫，禁止存放易燃物品。

【判断题】起重机上应备有灭火装置，驾驶室内应铺橡胶绝缘垫，不得存放大量易燃物品。

答案：错误

16.2.14 没有得到起重司机的同意，禁止任何人登上起重机。

【判断题】没有得到起重司机的同意，禁止任何人登上起重机。

答案：正确

16.3 运输。

16.3.1 搬运的过道应平坦畅通，夜间搬运，应有足够的照明。若需经过山地陡坡或凹凸不平之处，应预先制定运输方案，采取必要的安全措施。

【单选题】搬运时，搬运的过道应（　　），夜间搬运，应有足够的照明。

A. 有人监护　　　　　　　B. 平坦畅通

C. 事先整理　　　　　　　D. 宽度足够

答案：B

【单选题】搬运时若需经过山地陡坡或凹凸不平之处，应预先制定运输方案，采取必要的（　　）。

A. 防范措施　　　　　　　B. 防滑措施

C. 安全措施　　　　　　　D. 监护措施

答案：C

【判断题】搬运时若需经过山地陡坡或凹凸不平之处，应预先制定运输方案，采取必要的防滑措施。

答案：错误

16.3.2 装运电杆、变压器和线盘应绑扎牢固，并用绳索绞紧。水泥杆、线盘的周围应塞牢，防止滚动、移动伤人。运载超长、超高或重大物件时，物件重心应与车厢承重中心基本一致，超长物件尾部应设标志。禁止客货混装。

【单选题】运载超长、超高或重大物件时，（　　）基本一致，超长物件尾部应设标志。

A. 物件重心应与车厢承重中心

B. 物件重心应与车厢前轮

C. 物件重心应与车厢后轮

D. 物件中心应与车厢承重中心

答案：A

【单选题】运载超长、超高或重大物件时，物件重心应与车厢承重中心基本一致，超长物件尾部应设（　　）。

A. 标志　　　B. 红灯　　　C. 黄灯　　　D. 防护措施

答案：A

【多选题】装运电杆、变压器和线盘应（　　），防止滚动、移动伤人。

A. 绑扎牢固，并用绳索绞紧　　B. 水泥杆的周围应塞牢

C. 线盘的周围应塞牢　　　　　D. 至少四人装运

答案：ABC

【判断题】禁止客货混装。

答案：正确

16.3.3 装卸电杆等物件应采取措施，防止散堆伤人。分散卸车时，每卸一根之前，应防止其余杆件滚动；每卸完一处，应将车上其余的杆件绑扎牢固后，方可继续运送。

【多选题】装卸电杆等物件（　　）。

A. 应采取措施，防止散堆伤人

B. 分散卸车时，每卸一根之前，应防止其余杆件滚动

C. 每卸完一处，应将车上其余的杆件绑扎牢固后，方可继续运送

D. 分散卸车时, 每卸超过半数前, 应防止其余杆件滚动

答案: ABC

16.3.4 使用机械牵引杆件上山时, 应将杆身绑牢, 钢丝绳不得触磨岩石或坚硬地面, 牵引路线两侧 5m 以内, 不得有人逗留或通过。

【单选题】使用机械牵引杆件上山时, 应将杆身绑牢, 钢丝绳不得触磨岩石或坚硬地面, 牵引路线两侧 ( ) m 以内, 不得有人逗留或通过。

A. 4   B. 5   C. 6   D. 7

答案: B

16.3.5 多人抬杠, 应同肩, 步调一致, 起放电杆时应相互呼应协调。重大物件不得直接用肩扛运, 雨、雪后抬运物件时应有防滑措施。

【单选题】重大物件不得直接用肩扛运, 雨、雪后抬运物件时应有 ( )。

A. 防范措施   B. 防滑措施
C. 安全措施   D. 防冻措施

答案: B

【判断题】多人抬杠, 应同肩, 步调一致, 起放电杆时应相互呼应协调。

答案: 正确

16.3.6 用管子滚动搬运应由专人负责指挥。管子承受重物后两端应各露出约 30cm, 以便调节转向。手动调节管子时, 应注意防止压伤手指。上坡、下坡, 均应对重物采取防止下滑的措施。

【单选题】用管子滚动搬运应由专人负责指挥。管子承受重物后两端应各露出约 ( ) cm, 以便调节转向。

A. 20   B. 30   C. 40   D. 50

答案: B

【单选题】用管子滚动搬运物体, 手动调节管子时, 应注意

防止（　　　）。

A. 物体滚落   B. 压伤手指

C. 倾斜滑脱   D. 重物下滑

答案：B

【判断题】用管子滚动搬运，上坡、下坡，均应对重物采取防止下滑的措施。

答案：正确

17 高 处 作 业

17.1 一般要求。

17.1.1 凡在坠落高度基准面 2m 及以上的高处进行的作业,都应视作高处作业。

【单选题】凡在坠落高度基准面（ ）m 及以上的高处进行的作业,都应视作高处作业。

A. 1   B. 2   C. 2.5   D. 3

答案: B

【判断题】凡在坠落高度基准面 1.5m 及以上的高处进行的作业,都应视作高处作业。

答案: 错误

17.1.2 参加高处作业的人员,应每年进行一次体检。

【单选题】参加高处作业的人员,应每（ ）进行一次体检。

A. 季   B. 年   C. 1.5 年   D. 2 年

答案: B

17.1.3 高处作业应搭设脚手架、使用高空作业车、升降平台或采取其他防止坠落的措施。

【多选题】高处作业应（ ）。

A. 搭设脚手架   B. 使用高空作业车
C. 使用升降平台   D. 采取其他防止坠落的措施

答案: ABCD

17.1.4 使用高空作业车、带电作业车、叉车、高处作业平台等进行高处作业时,高处作业平台应处于稳定状态,作业人员应使用安全带。移动车辆时,应将平台收回,作业平台上不得载人。高空作业车（带斗臂）使用前应在预定位置空斗试操作一次。

【判断题】使用高空作业车、带电作业车、叉车、高处作业平台等进行高处作业时，高处作业平台应处于稳定状态，作业人员不准使用安全带。

答案：错误

【判断题】移动车辆时，应将平台收回，作业平台上不得超过1人。

答案：错误

【判断题】高空作业车（带斗臂）使用前应在预定位置空斗试操作一次。

答案：正确

17.1.5 高处作业应使用工具袋。上下传递材料、工器具应使用绳索；邻近带电线路作业的，应使用绝缘绳索传递，较大的工具应用绳拴在牢固的构件上。

【单选题】高处作业应使用工具袋。上下传递材料、工器具应使用绳索；邻近带电线路作业的，应使用绝缘绳索传递，较大的工具应用绳拴在（　　　）。

A. 牢固的构件上　　　　　B. 设备上

C. 设备外壳上　　　　　　D. 横担上

答案：A

【判断题】高处作业应使用绳索。上下传递材料、工器具应使用工具袋。

答案：错误

17.1.6 高处作业使用的安全带应符合 GB 6095《安全带》的要求。

17.1.7 高处作业区周围的孔洞、沟道等应设盖板、安全网或遮栏（围栏）并有固定其位置的措施。同时，应设置安全标志，夜间还应设红灯示警。

【单选题】高处作业区周围的孔洞、沟道等应设（　　　）并有固定其位置的措施。

A. 盖板

B. 盖板、安全网

C. 盖板、安全网或遮栏（围栏）

D. 专人监护

答案：C

【判断题】高处作业区周围的孔洞、沟道等应设置安全标志，夜间还应设红灯示警。

答案：正确

17.1.8 低温或高温环境下的高处作业，应采取保暖或防暑降温措施，作业时间不宜过长。

【单选题】低温或高温环境下的高处作业，应采取（　　）措施，作业时间不宜过长。

A. 保暖或防暑降温　　　　B. 保暖

C. 防暑降温　　　　　　　D. 专人监护

答案：A

17.1.9 在 5 级及以上的大风以及暴雨、雷电、冰雹、大雾、沙尘暴等恶劣天气下，应停止露天高处作业。特殊情况下，确需在恶劣天气进行抢修时，应制定相应的安全措施，经本单位批准后方可进行。

【多选题】在 5 级及以上的大风以及（　　）、沙尘暴等恶劣天气下，应停止露天高处作业。

A. 暴雨　　　B. 雷电　　　C. 冰雹　　　D. 大雾

答案：ABCD

【判断题】在 4 级及以上的大风以及暴雨、雷电、冰雹、大雾、沙尘暴等恶劣天气下，应停止露天高处作业。

答案：错误

17.1.10 在屋顶及其他危险的边沿工作，临空一面应装设安全网或防护栏杆，否则，作业人员应使用安全带。

【多选题】在屋顶及其他危险的边沿工作，临空一面应装设（　　），否则，作业人员应使用安全带。

A. 安全网　　　　　　　　B. 防护栏杆
C. 防坠器　　　　　　　　D. 脚手板
答案：AB

17.1.11　峭壁、陡坡的工作场地或人行道上，冰雪、碎石、泥土应经常清理，靠外面一侧应设 1050～1200mm 高的栏杆，栏杆内侧设 180mm 高的侧板。

【单选题】峭壁、陡坡的工作场地或人行道上，冰雪、碎石、泥土应经常清理，靠外面一侧应设（　　）mm 高的栏杆。

A. 1050～1100　　　　　　B. 1150～1250
C. 1050～1200　　　　　　D. 1150～1200
答案：C

【单选题】峭壁、陡坡的工作场地或人行道上，冰雪、碎石、泥土应经常清理，靠外面一侧应设 1050～1200mm 高的栏杆，栏杆内侧设（　　）mm 高的侧板。

A. 180　　　B. 150　　　C. 120　　　D. 210
答案：A

17.1.12　工件、边角余料应放置在牢靠的地方或用铁丝扣牢并有防止坠落的措施。

【多选题】工件、边角余料应（　　）。

A. 放置在牢靠的地方　　　B. 用铁丝扣牢
C. 有防止坠落的措施　　　D. 做好标记
答案：ABC

17.1.13　高处作业，除有关人员外，他人不得在工作地点的下面通行或逗留，工作地点下面应有遮栏（围栏）或装设其他保护装置。若在格栅式的平台上工作，应采取有效隔离措施，如铺设木板等。

【单选题】高处作业，除有关人员外，他人不得在工作地点的下面通行或逗留，工作地点下面应（　　）。

A. 有遮栏（围栏）或装设其他保护装置

B. 有遮栏

C. 有围栏

D. 装设其他保护装置

答案：A

【判断题】若在格栅式的平台上工作，应采取有效隔离措施，如铺设木板等。

答案：正确

17.2 安全带。

17.2.1 在电焊作业或其他有火花、熔融源等的场所使用的安全带或安全绳应有隔热防磨套。

【单选题】在电焊作业或其他有火花、熔融源等的场所使用的安全带或安全绳应有（　　）。

A. 绝缘护套 　　　　　　　　B. 塑料护套

C. 隔热防磨套 　　　　　　　D. 保护套

答案：C

17.2.2 安全带的挂钩或绳子应挂在结实牢固的构件上，或专为挂安全带用的钢丝绳上，并应采用高挂低用的方式。禁止挂在移动或不牢固的物件上［如隔离开关（刀闸）支持绝缘子、母线支柱绝缘子、避雷器支柱绝缘子等］。

【多选题】安全带的挂钩或绳子（　　）。

A. 可挂在移动物件上

B. 专为挂安全带用的钢丝绳上

C. 应采用高挂低用的方式

D. 应挂在结实牢固的构件上

答案：BCD

【判断题】安全带的挂钩或绳子应挂在结实牢固的构件上，或专为挂安全带用的钢丝绳上，并应采用高挂低用的方式。禁止挂在移动或不牢固的物件上。

答案：正确

17.2.3 安全带和专作固定安全带的绳索在使用前应进行外观检查。安全带应按附录 O 定期检验，不合格者不得使用。

【单选题】安全带和专作固定安全带的绳索在使用前应进行（　　）。安全带应按附录 O 定期检验，不合格者不得使用。

A. 全面检查　　　　　　　B. 质量检测

C. 外观检查　　　　　　　D. 应力试验

答案：C

17.2.4 作业人员作业过程中，应随时检查安全带是否拴牢。高处作业人员在转移作业位置时不得失去安全保护。

【判断题】作业人员作业过程中，应随时检查安全带是否拴牢。

答案：正确

【判断题】高处作业人员在转移作业位置时可暂时失去安全保护。

答案：错误

17.2.5 腰带和保险带、绳应有足够的机械强度，材质应耐磨，卡环（钩）应具有保险装置，操作应灵活。保险带、绳使用长度在 3m 以上的应加缓冲器。

【单选题】保险带、绳使用长度在 3m 以上的应（　　）。

A. 缠绕使用　　　　　　　B. 加缓冲器

C. 禁止使用　　　　　　　D. 采取减少长度的措施

答案：B

【单选题】腰带和保险带、绳应有足够的机械强度，材质应耐磨，卡环（钩）应具有保险装置，操作应灵活。保险带、绳使用长度在（　　）m 以上的应加缓冲器。

A. 2　　　　　B. 3　　　　　C. 4　　　　　D. 5

答案：B

【多选题】腰带和保险带、绳（　　）。

A. 应有足够的机械强度

B. 材质应耐磨

C. 卡环（钩）应具有保险装置，操作应灵活

D. 外形应美观

答案：ABC

17.3 脚手架。

17.3.1 脚手架的安装、拆除和使用，应执行国家相关规程及《国家电网公司电力安全工作规程［火（水）电厂动力部分］》的有关规定。

17.3.2 脚手架应经验收合格后方可使用。上下脚手架应走斜道或梯子，禁止作业人员沿脚手杆或栏杆等攀爬。

【多选题】上下脚手架应走斜道或梯子，禁止作业人员沿（ ）等攀爬。

A. 栏杆　　　　B. 脚手杆　　C. 梯子　　　　D. 杆塔

答案：AB

17.3.3 在没有脚手架或者在没有栏杆的脚手架上工作，高度超过1.5m时，应使用安全带，或采取其他可靠的安全措施。

【单选题】在没有脚手架或者在没有栏杆的脚手架上工作，高度超过（ ）m时，应使用安全带，或采取其他可靠的安全措施。

A. 0.5　　　　B. 1　　　　C. 1.5　　　　D. 2

答案：C

17.4 梯子。

17.4.1 梯子应坚固完整，有防滑措施。梯子的支柱应能承受攀登时作业人员及所携带的工具、材料的总重量。

【多选题】高处作业时，梯子的支柱应能承受攀登时（ ）的总重量。

A. 所携带的工具　　　　　　B. 材料

C. 设备　　　　　　　　　　D. 作业人员

答案：ABD

17.4.2 单梯的横档应嵌在支柱上，并在距梯顶1m处设限高标志。使用单梯工作时，梯与地面的斜角度约为60°。

【单选题】单梯的横档应嵌在支柱上，并在距梯顶（　　）m处设限高标志。

A. 1　　　　　　B. 1.2　　　　　C. 1.5　　　　　D. 1.8

答案：A

【单选题】使用单梯工作时，梯与地面的斜角度约为（　　）。

A. 60°　　　　　B. 40°　　　　　C. 30°　　　　　D. 45°

答案：A

17.4.3 梯子不宜绑接使用。人字梯应有限制开度的措施。

【判断题】梯子可短时间绑接使用。

答案：错误

【判断题】人字梯应有限制开度的措施。

答案：正确

17.4.4 人在梯子上时，禁止移动梯子。

【判断题】人在梯子上时，禁止长距离移动梯子。

答案：错误

【问答题】使用梯子时的注意事项？

答案：（1）梯子应坚固完整，有防滑措施。梯子的支柱应能承受攀登时作业人员及所携带的工具、材料的总重量。

（2）单梯的横档应嵌在支柱上，并在距梯顶1m处设限高标志。使用单梯工作时，梯与地面的斜角度约为60°。

（3）梯子不宜绑接使用。人字梯应有限制开度的措施。

（4）人在梯子上时，禁止移动梯子。

附录 P（资料性附录）紧急救护法

【单选题】紧急救护时，发现伤员意识不清、瞳孔扩大无反应、呼吸、心跳停止时，应立即在现场就地抢救，用（　　）支持呼吸和循环，对脑、心重要脏器供氧。

A. 心脏按压法　　　　　　　B. 口对口呼吸法

C. 口对鼻呼吸法　　　　　　D. 心肺复苏法

答案：D（配电《安规》P1.2）

【单选题】触电急救，在医务人员（　　）前，不得放弃现场抢救，更不能只根据没有呼吸或脉搏的表现，擅自判定伤员死亡，放弃抢救。

A. 未到达　　　　　　　　　B. 未接替救治

C. 作出死亡诊断　　　　　　D. 判断呼吸或脉搏表现

答案：B（配电《安规》P2.1）

【单选题】触电急救应分秒必争，一经明确心跳、呼吸停止的，立即就地迅速用（　　）进行抢救，并坚持不断地进行，同时及早与医疗急救中心（医疗部门）联系，争取医务人员接替救治。

A. 心脏按压法　　　　　　　B. 口对口呼吸法

C. 口对鼻呼吸法　　　　　　D. 心肺复苏法

答案：D（配电《安规》P2.1）

【单选题】触电急救脱离电源，就是要把触电者接触的那一部分带电设备的（　　）断路器（开关）、隔离开关（刀闸）或其他断路设备断开；或设法将触电者与带电设备脱离开。

A. 有关　　　B. 所有　　　C. 高压　　　D. 低压

答案：B（配电《安规》P2.2.2）

【单选题】伤员脱离电源后，判断伤员有无意识应在（　　）s

以内完成。

    A. 5   B. 10   C. 30   D. 60

    答案：B（配电《安规》P2.3.1.1）

    【单选题】触电伤员脱离电源后，正确的抢救体位是（   ）。

    A. 左侧卧位   B. 右侧卧位

    C. 仰卧位   D. 俯卧位

    答案：C（配电《安规》P2.3.1.3）

    【单选题】触电急救，当采用胸外心脏按压法进行急救时，伤员应仰卧于（   ）上。

    A. 柔软床垫   B. 硬板床或地

    C. 担架   D. 弹簧床

    答案：B（配电《安规》P2.3.3.2）

    【单选题】触电急救，胸外心脏按压频率应保持在（   ）次/min。

    A. 60   B. 80   C. 100   D. 120

    答案：C（配电《安规》P2.3.3.2）

    【单选题】进行心肺复苏法时，如有担架搬运伤员，应该持续做心肺复苏，中断时间不超过（   ）s。

    A. 5   B. 10   C. 30   D. 60

    答案：A（配电《安规》P2.4.1）

    【单选题】被电击伤并经过心肺复苏抢救成功的电击伤员，都应让其充分休息，并在医务人员指导下进行不少于（   ）h 的心脏监护。

    A. 12   B. 24   C. 36   D. 48

    答案：D（配电《安规》P2.5.3）

    【单选题】烧伤急救时，强酸或碱灼伤应迅速脱去被溅染衣物，现场立即用大量清水彻底冲洗，要彻底，然后用适当的药物给予中和；冲洗时间不少于（   ）min。

    A. 5   B. 10   C. 15   D. 20

答案：B（配电《安规》P3.5.2）

【单选题】犬咬伤后应立即用浓肥皂水或清水冲洗伤口至少（　　）min，同时用挤压法自上而下将残留伤口内唾液挤出，然后再用碘酒涂搽伤口。

A. 5　　　　　B. 10　　　　　C. 15　　　　　D. 20

答案：C（配电《安规》P3.7.2.1）

【多选题】脱离电源后，触电伤员如意识丧失，应在开放气道后10s内用（　　）的方法判定伤员有无呼吸。

A. 叫　　　　B. 看　　　　C. 听　　　　D. 试

答案：BCD（配电《安规》P2.3.2.2）

【多选题】心肺复苏术操作是否正确，主要靠平时严格训练，掌握正确的方法。而在急救中判断复苏是否有效，可以根据以下（　　）、出现自主呼吸几方面综合考虑。

A. 瞳孔　　　　　　　　B. 面色（口唇）

C. 颈动脉搏动　　　　　D. 神志

答案：ABCD（配电《安规》P2.5.1）

【多选题】骨折急救时，肢体骨折可用（　　）等将断骨上、下方两个关节固定，也可利用伤员身体进行固定，避免骨折部位移动，以减少疼痛，防止伤势恶化。

A. 夹板　　　B. 木棍　　　C. 废纸板　　　D. 竹竿

答案：ABD（配电《安规》P3.3.1）

【判断题】生产现场和经常有人工作的场所应配备急救箱，存放急救用品，并应指定专人负责保管。

答案：错误（配电《安规》P1.4）

原条文：生产现场和经常有人工作的场所应配备急救箱，存放急救用品，并应指定专人经常检查、补充或更换。

【判断题】触电者脱离电源后，救护者在救护过程中特别是在杆上或高处抢救伤者时，要注意自身和被救者不要触及附近带电体，防止再次触及带电设备。

答案：错误（配电《安规》P2.2.5）

原条文：触电者脱离电源后，救护者在救护过程中特别是在杆上或高处抢救伤者时，要注意自身和被救者与附近带电体之间的安全距离，防止再次触及带电设备。

【判断题】低压触电时，因触电者的身体是带电的，其鞋的绝缘也可能遭到破坏，救护人不得接触触电者的皮肤，也不能抓他的鞋。

答案：正确（配电《安规》P2.2.3）

【判断题】触电者神志不清，判断意识无，有心跳，但呼吸停止或极微弱时，应立即用仰头抬颏法，使气道开放，并对触电者施行心脏按压。

答案：错误（配电《安规》P2.2.6）

原条文：触电者神志不清，判断意识无，有心跳，但呼吸停止或极微弱时，应立即用仰头抬颏法，使气道开放，并进行口对口人工呼吸。此时切记不能对触电者施行心脏按压。

【判断题】伤员脱离电源后，当发现触电者呼吸微弱或停止时，应立即通畅触电者的气道以促进触电者呼吸或便于抢救。

答案：正确（配电《安规》P2.3.2.1）

【判断题】伤员脱离电源后，对伤者有无脉搏的判断应同时触摸两侧颈动脉。

答案：错误（配电《安规》P2.3.3.1）

原条文：脉搏判断不要同时触摸两侧颈动脉，造成头部供血中断。

【判断题】胸外心脏按压时，按压与人工呼吸的比例关系通常是，成人为30:2，婴儿、儿童为15:2。

答案：正确（配电《安规》P2.3.3.2）

【判断题】现场心肺复苏应坚持不断地进行，如需将伤员由现场移往室内，中断操作时间不得超过7s；通道狭窄、上下楼层、送上救护车等的操作中断不得超过30s。

答案：正确（配电《安规》P2.5.2.1）

【判断题】创伤急救时，外部出血立即采取止血措施，防止失血过多而休克。

答案：正确（配电《安规》P3.1.3）

【判断题】创伤急救过程中，平地搬运时伤员头部在前，上楼、下楼、下坡时头部在下，搬运中应严密观察伤员，防止伤情突变。

答案：错误（配电《安规》P3.1.5）

原条文：创伤急救过程中，平地搬运时伤员头部在后，上楼、下楼、下坡时头部在上，搬运中应严密观察伤员，防止伤情突变。

【判断题】创伤急救止血时，可用电线、铁丝、细绳等作止血带使用。

答案：错误（配电《安规》P3.2.4）

原条文：创伤急救止血时，严禁用电线、铁丝、细绳等作止血带使用。

【判断题】骨折急救时，开放性骨折，伴有大出血者，先固定、再止血，并用干净布片覆盖伤口，然后速送医院救治。

答案：错误（配电《安规》P3.3.1）

原条文：骨折急救时，开放性骨折，伴有大出血者，先止血、再固定，并用干净布片覆盖伤口，然后速送医院救治。

【判断题】创伤急救时，如果伤员颅脑外伤，应使伤员采取平卧位，保持气道通畅，若有呕吐，应扶好头部和身体，使头部和身体同时侧转，防止呕吐物造成窒息。

答案：正确（配电《安规》P3.4.1）

【判断题】冻伤急救时，应将伤员身上潮湿的衣服剪去后用干燥柔软的衣服覆盖，并立即烤火或搓雪。

答案：错误（配电《安规》P3.6.2）

原条文：冻伤急救时，将伤员身上潮湿的衣服剪去后用干燥柔软的衣服覆盖，不得烤火或搓雪。

【判断题】毒蛇咬伤后，不要惊慌、奔跑、饮酒，以免加速蛇毒在人体内扩散。

答案：正确（配电《安规》P3.7.1）

【判断题】怀疑可能存在有害气体时，应立即将人员撤离现场，转移到通风良好处休息。抢救人员进入险区应戴防毒面具。

答案：正确（配电《安规》P3.10.2）

【问答题】紧急救护的基本原则是什么？

答案：紧急救护的基本原则是在现场采取积极措施，保护伤员的生命，减轻伤情，减少痛苦，并根据伤情需要，迅速与医疗急救中心（医疗部门）联系救治。

（配电《安规》P1.1）

【问答题】紧急救护时，现场工作人员应掌握哪些救护方法？

答案：现场工作人员都应定期接受培训，学会紧急救护法，会正确解脱电源，会心肺复苏法、会止血、会包扎、会固定、会转移搬运伤员，会处理急救外伤或中毒等。

（配电《安规》P1.3）

【问答题】高压触电可采用哪些方法使触电者脱离电源？

答案：高压触电可采用下列方法之一使触电者脱离电源：

（1）立即通知有关供电单位或用户停电。

（2）戴上绝缘手套，穿上绝缘靴，用相应电压等级的绝缘工具按顺序拉开电源开关或熔断器。

（3）抛掷裸金属线使线路短路接地，迫使保护装置动作，断开电源。注意抛掷金属线之前，应先将金属线的一端固定可靠接地，然后另一端系上重物抛掷，注意抛掷的一端不可触及触电者和其他人。另外，抛掷者抛出线后，要迅速离开接地的金属线8m以外或双腿并拢站立，防止跨步电压伤人。在抛掷短路线时，应注意防止电弧伤人或断线危及人员安全。

（配电《安规》P2.2.4）

【问答题】脱离电源后，触电伤员如意识丧失，应在开放气道后 10s 内用哪些方法判定伤员有无呼吸?

答案: 触电伤员如意识丧失,应在开放气道后 10s 内用看、听、试的方法判定伤员有无呼吸。

(1)看: 看伤员的胸、腹壁有无呼吸起伏动作。

(2)听: 用耳贴近伤员的口鼻处,听有无呼气声音。

(3)试: 用颜面部的感觉测试口鼻部有无呼气气流。

(配电《安规》P2.3.2.2)

【问答题】创伤急救的原则是什么?

答案: 创伤急救原则上是先抢救、后固定、再搬运,并注意采取措施,防止伤情加重或污染。需要送医院救治的,应立即做好保护伤员措施后送医院救治。

(配电《安规》P3.1.1)

【问答题】高温中暑的主要症状有哪些?

答案: 烈日直射头部,环境温度过高,饮水过少或出汗过多等可以引起中暑现象,其症状一般为恶心、呕吐、胸闷、眩晕、嗜睡、虚脱,严重时抽搐、惊厥甚至昏迷。

(配电《安规》P3.9)

第二部分

案例分析样例

【提示】案例分析样例答案中的《安规》条文编号旨在方便使用者分析案例时参考、学习、掌握《安规》相关内容。考查时不建议把条文编号作为考点。

案例1 低压线路拆旧

2006年8月7日上午，某供电公司工作负责人刘××组织工作班成员杨××、黄××等6人，对上杨台区0.4kV分支线路电杆进行撤移施工。8时10分，工作负责人刘××在未办理工作票的情况下，组织杨××、黄××共3人实施2号杆导线和横担拆除工作（此前2号杆杆基培土已被开挖，深度约为电杆埋深的1/2）。工作负责人刘××未组织采取防范措施，就同意杨××上杆作业。8时30分，杨××在拆除杆上导线后继续拆除电杆拉线抱箍螺栓，导致电杆倾倒，杨××随电杆一同倒下。电杆压在杨××胸部，经抢救无效死亡。

试分析该起事件中违反配电《安规》的行为。

答案：（1）工作班成员杨××上杆前未检查杆根情况。违反配电《安规》6.2.1"登杆塔前，应检查杆根、基础和拉线是否牢固；遇有冲刷、起土、上拔或导地线、拉线松动的杆塔，应先培土加固，打好临时拉线或支好架杆"的规定。

（2）工作负责人刘××作业过程未采取防倒杆措施。违反配电《安规》6.4.5"拆除杆上导线前，应检查杆根，做好防止倒杆措施"的规定；工作班成员杨××杆上作业时拆除电杆拉线抱箍螺栓，违反配电《安规》6.3.14"杆塔上有人时，禁止调整或拆除拉线"的规定。

（3）电杆撤移工作，属无票作业，违反配电《安规》3.3.5"填用低压工作票的工作。低压配电工作，不需要将高压线路、设备停电或做安全措施者"的规定。

案例2 10kV配电台架消缺

2012年6月15日，某供电公司作业人员张××组织消除

10kV 上瓦房线 426 线 16 号变压器台（简称变台）低压配电箱隐患，10 时 30 分左右，张××在未办理工作票手续的情况下，带领李××和秦××二人到达 10kV 上瓦房线 426 线 16 号变台开始工作。张××用 10kV 绝缘杆拉开 16 号变台三相跌落式熔断器（检查发现，硅橡胶跌落式熔断器绝缘端部密封破坏，芯棒空心通道击穿致使变压器高压套管带电），李××将低压配电箱内隔离刀闸拉开后，工作人员张、秦二人在未进行验电、未装设接地线的情况下，便进行了登台作业。10 时 45 分，作业人员张××在右手触碰变压器高压套管时发生触电后高处坠落（未系安全带），经抢救无效死亡。

试分析该起事件中违反配电《安规》的行为。

答案：（1）作业人员张××高处作业未采取防坠落措施，违反配电《安规》17.1.3"高处作业应搭设脚手架、使用高空作业车、升降平台或采取其他防止坠落的措施"的规定。

（2）作业人员张××、秦××在未验电、接地的情况下即登台作业，违反配电《安规》7.1.2"柱上变压器台架工作，应先断开低压侧的空气开关、刀开关，再断开变压器台架的高压线路的隔离开关（刀闸）或跌落式熔断器，高低压侧验电、接地后，方可工作。若变压器的低压侧无法装设接地线，应采用绝缘遮蔽措施"的规定。

（3）变台低压配电箱隐患消除工作，属无票作业，违反配电《安规》3.3.2"填用配电第一种工作票的工作。配电工作，需要将高压线路、设备停电或做安全措施者"的规定。

案例 3　10kV 电缆试验

某供电公司检修工区试验班在 110kV 某变电站进行 10kV 出线电缆耐压试验。工作负责人为李××，工作人员为张××、王××。在试验过程中，李××操作试验设备，王××整理试验记录，试验人员张××徒手拆除被试电缆，更换试验引线，造成人身剩余电荷触电。

试分析该起事件中违反配电《安规》的行为。

答案：（1）工作班成员张××在更换试验引线时未戴绝缘手套、未对试验电缆进行充分放电、短路接地。违反配电《安规》11.2.7 "变更接线或试验结束，应断开试验电源，并将升压设备的高压部分放电、短路接地"；12.3.3 "电缆试验过程中需更换试验引线时，作业人员应先戴好绝缘手套对被试电缆充分放电"的规定。

（2）工作负责人李××监护不到位，未及时发现、制止张××违章作业，违反配电《安规》3.3.12.2（5）"监督工作班成员遵守本规程、正确使用劳动防护用品和安全工器具以及执行现场安全措施"的规定。

案例 4　低压装表作业

2004 年 7 月 21 日，某供电所王××、袁××为一用户改线并装电能表。两人未办理工作票即赶到现场，王××负责拆旧和送电，袁××负责安装电能表，两人分头开始工作。王××（身着短袖上衣和七分裤，脚穿拖鞋）站在铁管焊制的梯子约 1.8m 处拆旧和接线，在用带绝缘手柄的钳子剥开相线（火线）的线皮时，左手不慎碰到带电的导线上，触电后扑在梯子上，经抢救无效死亡。

试分析该起事件中违反配电《安规》的行为。

答案：（1）王××未按要求着装。违反配电《安规》2.1.6 "进入作业现场应正确佩戴安全帽，现场作业人员还应穿全棉长袖工作服、绝缘鞋"的规定。

（2）袁××、王××都为单人工作，无人监护，违反配电《安规》8.2.1 "带电断、接低压导线应有人监护"的规定。

（3）低压带电工作，无相关安全措施。违反配电《安规》8.1.1 "低压电气带电工作应戴手套、护目镜，并保持对地绝缘"的规定。

（4）用户改线并装电能表工作，属无票作业，违反配电《安规》3.3.5"填用低压工作票的工作。低压配电工作，不需要将高压线路、设备停电或做安全措施者"的规定。

案例5　10kV配合停电误操作

2012年8月25日上午，某供电公司姚××独自携带操作票、绝缘操作杆、安全带和安全帽到10kV青和线史桥支线1号杆进行停电操作（无停电计划）。5时48分，姚××在10kV青和线002号断路器（开关）还未断开情况下，带负荷拉开10kV青和线史桥支线1号杆FK015刀闸，拉开A相刀闸时，产生弧光导致A相绝缘子（靠电源侧动触头处）击穿通过电杆单相接地，在杆上操作的姚××从约2m高处赶紧下杆，下地时造成触电死亡。

试分析该起事件中违反配电《安规》的行为。

答案：（1）姚××在未得到操作许可，未确认断路器（开关）已断开，即进行刀闸操作，违反配电《安规》5.2.6.6"禁止带负荷拉合隔离开关（刀闸）"的规定。

（2）姚××在未经批准、无人监护的情况下，单人登杆操作，违反配电《安规》5.2.6.13"单人操作时，禁止登高或登杆操作"的规定。

案例6　配电网电杆组立起重作业

2005年8月2日，某供电公司外线班根据工作计划安排，在城关环城西路10kV南开842线进行立杆作业，吊车由现场工作负责人林××指挥，林××于2日前参加了起重设备指挥人员专业技术培训（尚未取证），第一次指挥电杆组立，在电杆起吊过程中，恰逢一辆私家车从吊车旁边经过，林××赶紧指挥吊车人员停止电杆的起吊，停止起吊后电杆晃动剧烈，起吊所用钢丝绳松脱后造成工作班成员谢××重伤。

试分析该起事件中违反配电《安规》的行为。

答案：（1）现场工作负责人（吊车指挥人员）林××违规操

作，仅参加培训未取得合格证就指挥吊车作业，违反配电《安规》16.1.1 "起重设备的操作人员和指挥人员应经专业技术培训，并经实际操作及有关安全规程考试合格、取得合格证后方可独立上岗作业"的规定。

（2）作业前林××未有效设置围栏，悬挂警告标示牌，导致作业中私家车驶入作业区。违反配电《安规》16.1.8 "在道路上施工应装设遮栏（围栏），并悬挂警告标示牌"的规定。

（3）起吊重物前，现场工作负责人林××未检查起吊所用钢丝绳是否绑扎牢固。违反配电《安规》16.2.1 "起吊重物前，应由起重工作负责人检查悬吊情况及所吊物件的捆绑情况，确认可靠后方可试行起吊。起吊重物稍离地面（或支持物），应再次检查各受力部位，确认无异常情况后方可继续起吊"的规定。

案例7　箱式变电站故障巡视

2012 年 5 月 16 日上午 9 时 15 分，某供电公司李××接电话通知，带领工作人员张××处理朝阳小区箱式变电站故障，到达现场后，李××认为 10kV 朝一路已停电，指挥张××打开箱式变电站的变压器设备前开始检查，9 时 45 分听到张×× "啊"的一声倒在了箱式变电站的变压器前，检查发现张××Ⅲ度烧伤。

试分析该起事件中违反配电《安规》的行为。

答案：（1）李××在未确认设备确已停电的情况下，盲目指挥工作；张××未确认线路是否停电，未完成箱式变电站停电、验电、接地的安全措施即进入箱式变电站开始工作，违反配电《安规》7.2.1 "箱式变电站停电工作前，应断开所有可能送电到箱式变电站的线路的断路器（开关）、负荷开关、隔离开关（刀闸）和熔断器，验电、接地后，方可进行箱式变电站的高压设备工作"的规定。

（2）朝阳小区箱式变电站故障处理工作，属无票作业，违反配电《安规》3.3.6 "填用配电故障紧急抢修单的工作。配电线路、设备故障紧急处理应填用工作票或配电故障紧急抢修单"的规定。

案例8 10kV 线路巡视过程中伐树

2014 年 8 月 10 日中午，某公司工作负责人林××带领王××持票对 10kV 开发区一线 28 号杆至 29 号杆线路边坡超高树木进行砍伐，砍伐过程中，风力达到 6 级，为防止树木向线路侧倒伏，王××攀登上树，欲在树木中间以上位置绑系控制绳，攀登过程中树木突然向线路侧倒落，并与开发区一线 C 相安全距离不足瞬间放电，导致王××触电，经抢救无效死亡。

试分析该起事件中违反配电《安规》的行为。

答案：（1）工作班成员王××攀登已经锯过的未断树木，违反配电《安规》5.3.7 "不得攀登已经锯过或砍过的未断树木"的规定。

（2）树木砍剪前，工作负责人林××未采取防止树木倒落在线路上的安全措施，违反配电《安规》5.3.4 "为防止树木（树枝）倒落在线路上，应使用绝缘绳索将其拉向与线路相反的方向"的规定。

（3）自然环境不满足砍剪树木条件，违反配电《安规》5.3.8 "风力超过 5 级时，禁止砍剪高出或接近带电线路的树木"的规定。

（4）工作负责人林××监护不到位，违反配电《安规》1.2 "任何人发现有违反本规程的情况，应立即制止，经纠正后方可恢复作业"的规定。

案例9 10kV 电缆故障抢修

2006 年 3 月 23 日，某供电公司工作负责人陈××持票，带领 7 名施工人员进行西关一路线电缆故障抢修（沟内并排设置西关一路、西关二路两条电缆），工作票终结后，发现紧邻的另一条电缆外绝缘受损，决定立即处理该缺陷，工作负责人陈××主观认为另一条电缆也已停电，在没有进行验电、接地的情况下，即开始组织消缺工作。工作班成员李××在割破电缆绝缘后发生触电，同时伤及共同工作的谷××，造成一死一伤的人身伤亡事故。

试分析该起事件中违反配电《安规》的行为。

答案：（1）工作班成员李××、谷××未严格履行自身职责，违反配电《安规》3.3.12.5（1）"熟悉工作内容、工作流程，掌握安全措施，明确工作中的危险点，并在工作票上履行交底签名确认手续"的规定。

（2）工作负责人陈××抢修第二条电缆前未核实线路名称，未对电缆验电、接地，违反配电《安规》12.2.8"开断电缆前，应与电缆走向图核对相符，并使用仪器确认电缆无电压后，用接地的带绝缘柄的铁钎钉入电缆芯后，方可工作"的规定。

（3）工作票终结后，西关二路线电缆消缺工作，属无票作业，违反配电《安规》3.3.6"填用配电故障紧急抢修单的工作。配电线路、设备故障紧急处理应填用工作票或配电故障紧急抢修单"的规定。

案例 10　10kV 配电接地线装设误操作

2014 年 4 月 8 日 9 时左右，某供电公司工作负责人刘××（死者）带领工作班成员王××在倪岗分支线 41 号杆装设高压接地线两组（另一组装在同杆架设的废弃线路上，事后核实该废弃线路实际带电）。当王××在杆上装设好倪岗分支线的接地线后，因两人均误认为废弃多年的线路不带电，未验电就直接装设第二组接地线。接地线上升拖动过程中接地端连接桩头不牢固而脱落，地面监护人刘××未告知杆上人员即上前恢复脱落的接地桩头，此时王××正在杆上悬挂接地线，刘××因垂下的接地线并未接地且靠近自己背部，同时手部又接触了打入大地的接地极，随即触电倒地，经抢救无效死亡。

试分析该起事件中违反配电《安规》的行为。

答案：（1）工作班成员王××未验电就装设接地线，违反配电《安规》4.3.1"配电线路和设备停电检修，接地前，应使用相应电压等级的接触式验电器或测电笔，在装设接地线或合接地刀闸处逐相分别验电"的规定。

（2）当接地线上升拖动过程中接地端连接桩头不牢固而脱落时，地面监护人刘××未告知杆上人员即上前恢复脱落的接地桩头，违反配电《安规》4.4.9"装设的接地线应接触良好、连接可靠。装设接地线应先接接地端、后接导体端"的规定；监护人刘××实施接地线装设操作，违反配电《安规》4.4.4"装设、拆除接地线应有人监护"的规定；监护人刘××恢复脱落的接地桩头时未戴绝缘手套，违反配电《安规》4.4.8"装设、拆除接地线均应使用绝缘棒并戴绝缘手套"的规定。

（3）工作票签发人、工作负责人现场勘察不到位，未掌握相邻废弃线路是否带电，违反配电《安规》3.2.3"现场勘察应查看检修（施工）作业需要停电的范围、保留的带电部位、装设接地线的位置、领近线路、交叉跨越、多电源、自备电源、地下管线设施和作业现场的条件、环境及其他影响作业的危险点，并提出针对性的安全措施和注意事项"的规定。

案例 11　10kV 业扩装表

2006 年 6 月 22 日，某供电公司工作负责人王××（死者）带领张×和刘××前往中山路商业街配电房高压计量柜内安装计量表计。8 时 40 分，王××等进入高压配电室，来到计量柜前，询问用户电工设备有没有电时，用户电工答："表都没装，怎么会有电！"（实际进线高压电缆已带电）。然后王××吩咐刘××从车上将工器具及表计等搬下车、张×松开计量表计的接线端子螺丝，王××自己一人走到高压计量柜前，打开计量柜门（门上无闭锁装置），将头伸进柜内察看柜内设备安装情况，高压计量柜带电部位当即对王××头部放电，王××经抢救无效死亡。

试分析该起事件中违反配电《安规》的行为。

答案: (1) 工作负责人王××等工作前未进行现场勘查,未弄清楚一次设备带电情况。违反配电《安规》3.2.1 "配电检修(施工)作业和用户工程、设备上的工作,工作票签发人或工作负责人认为有必要现场勘察的,应根据工作任务组织现场勘察,并填写现场勘察记录";3.4.8 "在用户设备上工作,许可工作前,工作负责人应检查确认用户设备的运行状态、安全措施符合作业的安全要求"的规定。

(2) 工作负责人王××等在现场未采取将高压设备停电、验电、接地等安全措施,违反配电《安规》4.1 停电、验电、接地的规定。

(3) 在带电运行的高压计量柜上安装表计工作,属无票作业,违反配电《安规》3.3.2 "填用配电第一种工作票的工作。配电工作,需要将高压线路、设备停电或做安全措施者"的规定。

(4) 高压计量柜未安装防误入带电间隔的闭锁装置,且在计量柜送电后未在柜门上加挂机械锁,违反配电《安规》2.2.3 "高压配电站、开闭所、箱式变电站、环网柜等高压配电设备应有防误操作闭锁装置"的规定。

案例 12　10kV 线路(有分布式电源)故障巡视

2005 年 8 月 18 日,某供电公司 10kV 外桐 152 线因雷击造成单相接地,工作负责人王××带领 4 名工作人员进行巡线。8 时 30 分,巡线人员拉开外桐 152 线富石支线的高压熔断器并取下三相熔管(没有发现有一相用导线临时短接),外桐 152 主线恢复送电。王××等在巡视至富石支线富峰电站(并网小水电)时,根据线路故障情况判断,认为故障点可能在富石支线富峰电站变压器上,王××通知富峰电站停机后,即打算对该变压器进行绝缘测试。上午 9 时 30 分左右,王××进入该落地变压器院子内,其他工作人员跟随其后 10 余米内。王××在未采取安全措施的情况下(验电器、绝缘杆和接地线放在汽车上),就去拆变压器的高压端子，其他人员听到王××喊了一声"有电"，发现王××已触电倒在地上，经抢救无效死亡。

试分析该起事件中违反配电《安规》的行为。

答案：（1）工作负责人王××进入设备区并接触设备，违反配电《安规》5.1.10 "无论高压配电线路、设备是否带电，巡视人员不得单独移开或越过遮栏；若有必要移开遮栏时，应有人监护，并保持表 3-1 规定的安全距离"的规定。

（2）拆除变压器高压端子属无票作业，违反配电《安规》3.3.6 "填用配电故障紧急抢修单的工作。配电线路、设备故障紧急处理应填用工作票或配电故障紧急抢修单"的规定。

（3）工作组对小水电线路采取的安全措施不完善，违反配电《安规》13.4.3 "在有分布式电源接入电网的高压配电线路、设备上停电工作，应断开分布式电源并网点的断路器（开关）、隔离开关（刀闸）或熔断器，并在电网侧接地"的规定。

（4）富石支线三相高压熔断器中有一相用导线临时短接，违反配电《安规》13.1.1 "接入高压配电网的分布式电源，并网点应安装易操作、可闭锁、具有明显断开点、可开断故障电流的开断设备，电网侧应能接地"的规定。

案例 13　10kV 配电线路检修

2011 年 10 月 15 日，某供电公司小组负责人马××带队（共14 人）更换白支 9、10、16 号和 17 号电杆（9、17 号为耐张杆）。许可开工后，马××带领工作人员到达白支 9 号杆，因雨后土质松软，无法使用吊车，决定大部分工作人员和吊车转移到 17 号杆工作，待地面稍干后再更换 9 号杆。同时，马××指定赵××担任 9 号杆工作的临时负责人，安排赵××、孙×× "完成 3 根新拉线制作、拉线盘、拉线棒的安装，安装好临时拉线后再放下导线，等待其他人员和吊车回来后进行换杆工作"后离开 9 号杆现场。赵××和孙××将 3 条新拉线的拉线卡盘放入拉线坑并调整好位置后，赵××安排孙××到 9 号杆东北空地上制作新拉线，自己进行新拉线棒与拉线盘连接工作。11 时 20 分，赵××完成新拉线棒安装后，在没有监护的情况下擅自登杆，在没有安装临时拉线的情况下，首先解开 9 号杆南侧拉线上把，随后放下北侧三相导线。11 时 48 分，赵××将西南侧三相导线松开，导致电杆向东北侧倾倒，赵××被电杆压在下方，经抢救无效死亡。

试分析该起事件中违反配电《安规》的行为。

答案：（1）赵××在没有安装临时拉线的情况下，登杆解开拉线，放下导线，违反配电《安规》6.3.14（3）"杆塔上有人时，禁止调整或拆除拉线"；6.4.5 "拆除杆上导线前，应检查杆根，做好防止倒杆措施"的规定。

（2）赵××在无人监护、无人指挥的情况下擅自登杆进行撤线，违反配电《安规》6.4.1 "放线、紧线与撤线工作均应有专人指挥、统一信号，并做到通信畅通、加强监护"的规定。

（3）雨后工作，工作前未重新核对现场勘察情况，违反配电《安规》3.2.5 "开工前，工作负责人或工作票签发人应重新核对现场勘察情况，发现与原勘察情况有变化时，应及时修正、完善相应的安全措施"的规定。

案例 14　10kV 配电台架拆旧

2005 年 6 月 18 日，某供电分公司工作负责人郑××带领王××（伤者）和申××持故障紧急抢修单到达用户报修现场。经检查发现，10kV 西安线安达干 49 号变压器台（简称变台）南 100m 处 46 号杆低压零线断线。工作任务结束、恢复送电后，王××看见 49 号变台北侧紧挨着一个已经拆除的闲置变台上有低压横担和 3 只低压开关（3 只低压开关距离 49 号变台带电处 1.7m 左右），就想上去拆掉 3 只低压开关，说以后修理时能用上（使用）。郑××说："别拆了，没有用。"王××没有听，从北侧闲置变台南柱爬了上去，拆下 3 只闲置低压可摘挂式熔断器后，又拆低压开关底座。由于底座固定螺丝锈蚀，王××便跨到运行变台要拆固定底座的低压横担上，郑××说："小心，上面带电！"郑××说完就去收拾工器具。约 3min 后，王××从 49 号变台北侧杆高低压间下杆时发现钳子丢落在变压器大盖上面，又从高压侧登上去取钳子，刚上变台，因雨后脚滑失稳，于是本能地用右手抓住配电变台横担支撑拉板，左手碰到了 10kV 母线 C 相引下线上，造成触电坠落，导致重伤。

试分析该起事件中违反配电《安规》的行为。

答案：（1）工作班成员王××未严格履行自身职责，违反配电《安规》3.3.12.5（2）"服从工作负责人（监护人）、专责监护人的指挥，严格遵守本规程和劳动纪律，在指定的作业范围内工作，对自己在工作中的行为负责，互相关心工作安全"的规定。

（2）工作负责人郑××未对工作人员进行全过程监护，未制止违章行为，使王××失去监护，违反配电《安规》3.3.12.2（5）"监督工作班成员遵守本规程、正确使用劳动防护用品和安全工器具以及执行现场安全措施"的规定。

（3）抢修工作结束后，工作班成员王××拆除闲置变台上的低压横担和 3 只低压开关，属无票作业，违反配电《安规》3.3.3 "填用配电第二种工作票的工作。高压配电（含相关场所及二次系统）工作，不需要将高压线路、设备停电或做安全措施者"的规定。

案例 15　10kV 配电台架电能表更换

2006 年 8 月 4 日上午，某供电公司营业所倪××（死者）、涂××（工作负责人）持低压工作票进行台区低压计量总表更换工作。9 时 35 分到达工作地点后，倪××登上台架检修平台，坐在平台上开始电能表更换工作，涂××未对工作人员进行全过程监护。约 10min 后，涂××听见台架上发出碰击声，随后发现拆开的电压线裸露线头搭在倪××左手虎口处，发生触电，倪××经抢救无效死亡。

试分析该起事件中违反配电《安规》的行为。

答案：（1）工作班成员倪××低压带电工作未戴手套，违反配电《安规》8.1.1"低压电气带电工作应戴手套、护目镜，并保持对地绝缘"的规定。

（2）工作班成员倪××未对拆开的电压线裸露线头采取绝缘包裹措施，违反配电《安规》8.1.5"低压电气工作时，拆开的引线、断开的线头应采取绝缘包裹等遮蔽措施"的规定。

（3）工作负责人涂××未对工作人员进行全过程监护，违反配电《安规》3.3.12.2（5）"监督工作班成员遵守本规程、正确使用劳动防护用品和安全工器具以及执行现场安全措施"的规定。

案例 16　10kV 杆上检修作业

2014 年 9 月 9 日，10kV××线作业现场，作业人员杜××在杆上进行更换支柱绝缘子工作，许××负责监护，作业点下方未设置围栏。作业过程中，杜××放下 A 相导线，拆除此相绝缘子的螺母，在工具包中拿出新式绝缘子时，A 相的废旧绝缘子从横担上掉落，砸中下方专责监护人员许××肩部，造成其肩胛骨损伤。

试分析该起事件中违反配电《安规》的行为。

答案：（1）作业班成员杜××在拿出新式绝缘子时，废旧绝缘子螺母已松开且并未做任何固定措施，违反了配电《安规》17.1.12"工件、边角余料应放置在牢靠的地方或用铁丝扣牢并有防止坠落的措施"的规定。

（2）监护人许××未制止杜××的违规行为，违反了配电《安规》3.3.12.4（3）"监督被监护人员遵守本规程和执行现场安全措施，及时纠正被监护人员的不安全行为"的规定。

（3）现场未有效设置围栏，违反配电《安规》6.2.3（4）"在人员密集或有人员通过的地段进行杆塔上作业时，作业点下方应按坠落半径设围栏或其他保护措施"的规定。

案例 17 10kV 配电线路单工作组抢修

2014 年 6 月 9 日中午 12 时，某供电公司工作负责人张××带领李××（死者）、孙××（伤者）等 4 人更换 10kV 线路××支线 24～25 号杆间导线（故障抢修）。12 时 20 分，张××在未办理事故抢修工作票的情况下，安排李××、孙××二人攀登 24 号和 25 号杆进行原导线的拆除工作，安排另外 2 人负责地面工作。工作票签发人王××、工作负责人张××未提前进行现场勘察，未采取防倒杆措施，就同意李××和孙××上杆作业。12 时 25 分，李××先使用安全带围杆带和脚扣攀登至 25 号杆顶部进行杆上导线拆除，在杆上李××未系紧安全帽的下颚带。此时孙××开始攀登此支线 25 号杆，在孙××攀登过程中，该电杆向拉线侧倾倒，李××、孙××随电杆一同倒下。李××脑部先着地，且安全帽已脱离头部，经抢救无效死亡，孙××大腿根部骨折。

试分析该起事件中违反配电《安规》的行为。

答案：（1）工作班成员李××（死者）未系紧安全帽的下颚带，违反配电《安规》2.1.6 "进入作业现场应正确佩戴安全帽"的规定。

（2）工作负责人张××未采取防倒杆措施，违反配电《安规》6.4.5 "紧线、撤线前，应检查拉线、桩锚及杆塔。必要时，应加固桩锚或增设临时拉线。拆除杆上导线前，应检查杆根，做好防止倒杆措施，在挖坑前应先绑好拉绳"的规定。

（3）工作前，工作票签发人、工作负责人未提前组织现场勘察，违反配电《安规》3.2.1 "配电检修（施工）作业和用户工程、设备上的工作，工作票签发人或工作负责人认为有必要现场勘察的，应根据工作任务组织现场勘察，并填写现场勘察记录"的规定。

（4）更换导线工作，属无票作业，违反配电《安规》3.3.6 "填用配电故障紧急抢修单的工作。配电线路、设备故障紧急处理应填用工作票或配电故障紧急抢修单"的规定。

案例 18　大风天气起吊作业

2005 年 9 月 11 日，大风 7 级，10kV××线现场作业人员进行 15m 钢筋混凝土电杆的组立，当天工作负责人王××，在对班组成员宣读工作票进行安全技术交底后，电杆开始起吊，当电杆起吊至地面 2m 时，起吊电杆用的钢丝绳断裂，砸中站在电杆旁的工作班成员吴××，因外力撞击造成其左脚骨折。

试分析该起事件中违反配电《安规》的行为。

答案：（1）工作班成员吴××在起吊电杆周围被砸伤，违反配电《安规》16.2.3"在起吊、牵引过程中，受力钢丝绳的周围、上下方、转向滑车内角侧、吊臂和起吊物的下面，禁止有人逗留和通过"的规定。

（2）工作负责人王××违章操作，违反配电《安规》16.2.1"起吊重物前，应由起重工作负责人检查悬吊情况及所吊物件的捆绑情况，确认可靠后方可试行起吊。起吊重物稍离地面（或支持物），应再次检查各受力部位，确认无异常情况后方可继续起吊"的规定。

（3）自然环境不满足作业条件，违反配电《安规》16.1.6"当风力达到 6 级以上大风时，禁止进行露天起重工作"的规定。

案例 19　10kV 业扩验收

2010 年 9 月 26 日 8 时 30 分，某供电公司工作负责人吕××带领吴××、李××、熊××、赵××等 4 人对用户新安装的 800kVA 箱式变压器（简称箱变）进行验收。10 时 55 分到达现场后，吕××与客户负责人联系，到现场协助验收事宜。此时，李××独自一人到高压计量柜处（工作地点），没有查验箱变是否带电，强行打开具有带电闭锁功能的高压计量柜门，进行高压计量装置检查，触及带电的计量装置 10kV C 相桩头，经抢救无效死亡。经调查，9 月 17 日，施工人员施工完毕并试验合格，因客户要求送电，施工人员擅自对箱变进行搭火。

试分析该起事件中违反配电《安规》的行为。

答案：（1）工作班成员李××未查验箱变是否带电，强行打开具有带电闭锁功能的高压计量柜门，进行高压计量装置检查，违反配电《安规》4.1"在配电线路和设备上工作，保证安全的技术措施。验电"；2.1.8"工作人员禁止擅自开启直接封闭带电部分的高压配电设备柜门、箱盖、封板等"的规定。

（2）工作负责人吕××在工作前未组织检查确认用户设备状态，违反配电《安规》3.4.8"在用户设备上工作，许可工作前，工作负责人应检查确认用户设备的运行状态、安全措施符合作业的安全要求"的规定。

案例20　10kV带电作业

2010年10月14日9时40分，工作负责人李××带领带电作业人员樊××、刘××、陈××和赵××进行10kV平疃线34支线10号杆带电消缺工作（中相立铁螺栓安装、紧固；更换中相绝缘子）。到达现场后，工作负责人现场拟定了施工方案和作业步骤，随即填写了电力线路事故应急抢修单后工作开始。陈××、樊××穿戴好安全防护用具进入绝缘斗内，由陈××用绝缘杆将倾斜的中相导线推开，樊××对中相导线放电线夹做绝缘防护后，陈××继续用绝缘杆推动导线，将中相立铁推至抱箍凸槽正面，樊××安装、紧固立铁上侧螺母。10时20分，樊××在安装中相立铁上侧螺母时，因螺栓在抱箍凸槽内，戴绝缘手套无法顶出螺栓，便擅自摘下双手绝缘手套作业，左手拿着螺母靠近中相立铁，举起右手时，与遮蔽不严的放电线夹放电，造成触电，经抢救无效死亡。

试分析该起事件中违反配电《安规》的行为。

答案：（1）作业人员樊××作业过程中摘下绝缘手套，违反配电《安规》9.2.6"带电作业过程中，禁止摘下绝缘防护用具"

的规定。

（2）工作负责人（监护人员）李××监护不到位，违反配电《安规》3.3.12.2（5）"监督工作班成员遵守本规程、正确使用劳动防护用品和安全工器具以及执行现场安全措施"的规定。

（3）安全措施布置不完善，放电线夹遮蔽不严，违反配电《安规》9.2.7"对作业中可能触及的其他带电体及无法满足安全距离的接地体应采取绝缘遮蔽措施"的规定。

（4）本项工作虽为消缺工作，但已提前一天安排，不应填用电力线路事故应急抢修单，应填用配电带电作业工作票，违反配电《安规》3.3.4"填用配电带电作业工作票的工作"的规定。

第三部分

工作票改错样例

【提示】工作票样例旨在帮助使用者学习、掌握《安规》中有关工作票规定，更好地理解、应用工作票。工作票样例不作为工作票填写规范或标准。

样例1 10kV 昭国北线 01～17 号杆 LGJ–120 裸铝导线更换为 JKYGLJ–240 绝缘导线

1. 试题素材

（1）工作任务：10kV 昭国北线 01～17 号杆 LGJ–120 裸铝导线更换为 JKYGLJ–240 绝缘导线。

（2）工作单位：配电运检室。说明：配电运检室的运维和检修业务采用运检分离模式。

（3）工作班组：配电检修二班。

（4）工作负责人：宋××（配电检修二班班员）。

（5）工作班成员：李××、吴××、史××、孔××、陈××、秦××、赵××、费××、卢××、王××、刘××、钱××。

（6）工作票签发人：徐××（配电运检室专工）。

（7）工作许可人：田××，当面许可。（注：许可工作开始前，已与调度、运维等人员完成设备状态确认。）

（8）计划工作时间：2015 年 01 月 22 日 07 时 00 分～16 时 00 分。

（9）其他说明：

1）停电设备：110kV 昭园站 10kV 昭国北线、10kV 昭国南线、10kV 昭北西线全线停电。

2）作业现场条件：本工作涉及线路改造前均为裸导线；10kV 昭国南线 01～17 号杆与 10kV 昭国北线同杆架设，面向大号侧，左线为 10kV 昭国北线（色标：黑色），右线为 10kV 昭国南线（色标：黄色）；10kV 昭北西线（色标：绿色）05～06 号杆架设于 10kV 昭国北线下侧，无法装设跨越架。10kV 昭国北线、10kV 昭国南线、10kV 昭北西线全部为单电源辐射线路。施工地段位于圆中南路南侧绿化带内，02 号杆至 03 号杆间及 08 号杆至 09 号杆间跨越道路，01 号杆与 02 号杆间跨越河流。

3）本工作票中安全措施的执行界面、执行主体不存在错误，"开关""刀闸""拉开""合上"等操作术语不作为考点，工作单位、工作票编号、线路名称、设备名称及编号不作为考点。工作票中的安全措施，只要工作票中某一处体现即可，不局限于具体的栏目。

附图：

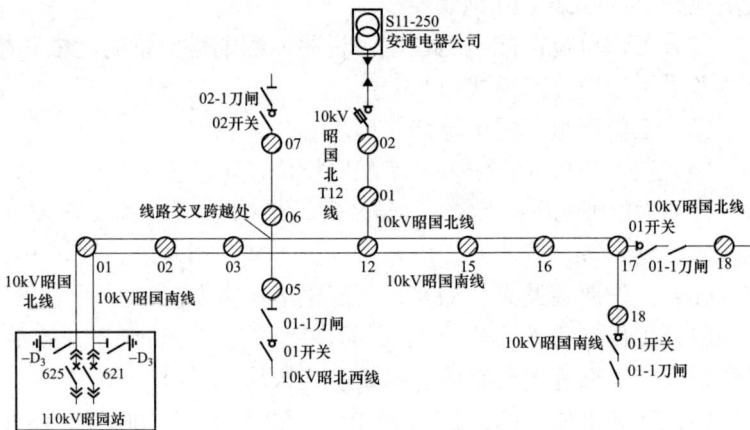

10kV 昭国北线工作现场接线示意图

2. 答题要求

请根据所示配电第一种工作票找出票面上存在的错误并改正。

配电第一种工作票

单位　配电运检室　　　　　　　　　　　　编号　03041501005　
1. 工作负责人　宋××　　　　　　　　　　班组　　　　配电检修二班　
2. 工作班成员（不包括工作负责人）李××、吴××、史××、孔××、陈××、秦××、赵××、费××、卢××、王××、刘××、钱××　　　　共　12　人。

3. 工作任务

工作地点或设备［注明变（配）电站、线路 名称、设备双重名称及起止杆号］	工作内容
10kV 昭国北线 01 号杆至 17 号杆间线路， 色标：黑色，左线（面向小号侧）	LGJ–120 裸铝导线更换为 JKYGLJ–240 绝缘导线

4. 计划工作时间：自 <u>2015</u> 年 <u>01</u> 月 <u>22</u> 日 <u>07</u> 时 <u>00</u> 分至 <u>2015</u> 年 <u>01</u> 月 <u>22</u> 日 <u>16</u> 时 <u>00</u> 分

5. 安全措施［应改为检修状态的线路、设备名称，应断开的断路器（开关）、隔离开关（刀闸）、熔断器，应合上的接地刀闸，应装设的接地线、绝缘隔板、遮栏（围栏）和标示牌等，装设的接地线应注明确具体位置，必要时可附页绘图说明］

5.1　调控或运维人员［变（配）电站、发电厂］应采取的安全措施	已执行
（1）拉开 110kV 昭园变电站 10kV 昭国北线 625 开关，将昭国北线 625 开关小车拉至试验位置，合上昭国北线 625–D3 接地刀闸，在昭国北线 625 开关及开关小车操作把手上挂"禁止合闸，有人工作！"标示牌	√
（2）拉开 110kV 昭园变电站 10kV 昭国南线 621 开关，将昭国南线 621 开关小车拉至试验位置，合上昭国南线 621–D3 接地刀闸，在昭国南线 621 开关及开关小车操作把手上挂"禁止合闸，有人工作！"标示牌	√
（3）拉开 10kV 昭国北线 17 号杆 01 开关、01–1 刀闸，在 10kV 昭国北线 17 号杆 01–1 刀闸操作处悬挂"禁止合闸，有人工作！"标示牌，在 10kV 昭国北线 17 号杆小号侧装设接地线一组	√
（4）拉开 10kV 昭国南线 18 号杆 01 开关、01–1 刀闸，在 10kV 昭国南线 18 号杆 01–1 刀闸操作处悬挂"禁止合闸，有人工作！"标示牌，在 10kV 昭国南线 18 号杆小号侧装设接地线一组	√
（5）拉开 10kV 昭北西线 05 号杆 01 开关及 01–1 刀闸、07 号杆 02 开关及 02–1 刀闸，在 10kV 昭北西线 05 号杆 01–1 刀闸、07 号杆 02–1 刀闸操作处悬挂"禁止合闸，有人工作！"标示牌，在 10kV 昭北西线 07 号杆大号侧装设接地线一组	√

5.2 工作班完成的安全措施	已执行
（1）拉开 10kV 安通电器公司配电室配电变压器低压侧开关及高压侧进线开关，拉开 10kV 昭国北 T12 线 02 号杆跌落式熔断器，在 10kV 昭国北 T12 线 02 号杆小号侧装设接地线一组，在 10kV 昭国北 T12 线 02 号杆跌落式熔断器操作处悬挂"禁止合闸，线路有人工作！"标示牌	√
（2）在 10kV 昭国北线 01 号杆大号侧装设接地线一组	√
（3）在 10kV 昭国南线 01 号杆大号侧装设接地线一组	√

5.3　工作班装设（或拆除）的接地线

线路名称或设备双重名称和装设位置	接地线编号	装设时间	拆除时间
10kV 昭国北线号 01 号杆小号侧	01 号	2015 年 01 月 22 日 07 时 14 分	2015 年 01 月 22 日 15 时 19 分
10kV 昭国南线 01 号杆小号侧	02 号	2015 年 01 月 22 日 07 时 18 分	2015 年 01 月 22 日 15 时 20 分
10kV 昭国北 T12 线 02 号杆小号侧	03 号	2015 年 01 月 22 日 07 时 19 分	2015 年 01 月 22 日 15 时 22 分

5.4　配合停电线路应采取的安全措施	已执行
拉开 10kV 日照安通电器公司配电室配电变压器低压侧开关及高压侧进线开关。在已拉开的 10kV 安通电器公司配电室配电变压器高压侧进线开关操作处悬挂"禁止合闸，线路有人工作！"标示牌	√

5.5　保留或邻近的带电线路、设备

无

5.6　其他安全措施和注意事项

本施工地段位于圆中南路南侧绿化带内，02 号杆至 03 号杆间及 08 号杆至 09 号杆间跨越道路，两道路口和通行道路上施工工作地点周围装设遮栏，并面向外悬挂"止步，高压危险！"标示牌；在 01 号杆至 17 号杆处分别悬挂"在此工作！"标示牌。提前联系交警部门，在换线时采取交通限行措施，并设专人指挥。01 号杆与 02 号杆间跨越河流，施工时加强监护，防止人员落水。

工作票签发人签名　徐××　　　　2015 年 01 月 21 日 16 时 54 分

工作负责人签名　宋××　　　　2015 年 01 月 21 日 16 时 56 分

5.7 其他安全措施和注意事项补充（由工作负责人或工作许可人填写）

　　昭国南线与昭国北线 01 号至 17 号杆同杆架设。

6. 工作许可

许可的线路或设备	许可方式	工作许可人	工作负责人签名	许可工作的时间
10kV 昭国北线 01 号杆至 17 号杆间线路	当面许可	田××	宋××	2015 年 01 月 22 日 07 时 33 分
				年　月　日　时　分

7. 工作任务单登记

工作任务单编号	工作任务	小组负责人	工作许可时间	工作结束报告时间
无				

8. 现场交底，工作班成员确认工作负责人布置的工作任务、人员分工、安全措施和注意事项并签名：

　　李××、吴××、史××、孔××、陈××、秦××、赵××、费××、卢××、王××、刘××、钱××

9. 人员变更

9.1 工作负责人变动情况：原工作负责人＿＿＿＿＿＿离去，变更＿＿＿＿＿＿为工作负责人。

工作票签发人＿＿＿＿＿　　＿＿＿＿＿年＿＿月＿＿日＿＿时＿＿分

原工作负责人签名确认＿＿＿＿＿　　新工作负责人签名确认＿＿＿＿＿

＿＿＿年＿＿月＿＿日＿＿时＿＿分

9.2 工作人员变动情况

新增人员	姓名					
	变更时间					
离开人员	姓名					
	变更时间					

工作负责人签名＿＿＿＿＿

10. 工作票延期：有效期延长到_____年_____月_____日_____时_____分。

工作负责人签名_____　　_____年___月___日___时___分

工作许可人签名_____　　_____年___月___日___时___分

11. 每日开工和收工记录（使用一天的工作票不必填写）

收工时间	工作负责人	工作许可人	开工时间	工作许可人	工作负责人

12. 工作终结

12.1　工作班现场所装设接地线共___3___组、个人保安线共___0___组已全部拆除，工作班人员已全部撤离现场，材料工具已清理完毕，杆塔、设备上已无遗留物。

12.2　工作终结报告

终结的线路或设备	报告方式	工作负责人	工作许可人	终结报告时间
10kV 昭国北线 01 号杆至 17 号杆间线路	当面报告	宋××	田××	2015 年 01 月 22 日 15 时 52 分

13. 备注

13.1　指定专责监护人_____　　负责监护_____

_____（地点及具体工作）

13.2　其他事项____指定刘××负责现场交通安全

[样例1　存在错误]

（1）"工作地点或设备"栏："面向小号侧"应改为"面向大号侧"。

（2）"安全措施"栏：

1）5.1（1）、（2）、（3）、（4）、（5）栏："禁止合闸，有人工作！"标示牌，改为"禁止合闸，线路有人工作！"标示牌。

2）5.1（3）栏："小号侧"改为"大号侧"。

3）5.1（5）栏："07 号杆大号侧"改为"06 号杆小号侧"。

4）5.2（2）栏："大号侧"改为"小号侧"。

5）5.2（3）栏："大号侧"改为"小号侧"。

[样例1 正确工作票示意]

配电第一种工作票

单位 <u>配电运检室</u>　　　　　　　　编号 <u>03041501005</u>

1. 工作负责人 <u>宋××</u>　　　　　　班组 <u>配电检修二班</u>

2. 工作班成员（不包括工作负责人）<u>李××、吴××、史××、孔××、陈××、</u><u>秦××、赵××、费××、卢××、王××、刘××、钱××</u>　　　　共 <u>12</u> 人。

3. 工作任务

工作地点或设备 [注明变（配）电站、线路 名称、设备双重名称及起止杆号]	工作内容
10kV 昭国北线 01 号杆至 17 号杆间线路，色 标：黑色，左线（面向大号侧）	LGJ-120 裸铝导线更换为 JKYGLJ-240 绝缘导线

4. 计划工作时间：自 <u>2015</u> 年 <u>01</u> 月 <u>22</u> 日 <u>07</u> 时 <u>00</u> 分至 <u>2015</u> 年 <u>01</u> 月 <u>22</u> 日 <u>16</u> 时 <u>00</u> 分

5. 安全措施 [应改为检修状态的线路、设备名称，应断开的断路器（开关）、隔离开关（刀闸）、熔断器，应合上的接地刀闸，应装设的接地线、绝缘隔板、遮栏（围栏）和标示牌等，装设的接地线应注明确具体位置，必要时可附页绘图说明]

5.1　调控或运维人员 [变（配）电站、发电厂] 应采取的安全措施	已执行
（1）拉开 110kV 昭园变电站 10kV 昭国北线 625 开关，将昭国北线 625 开关小车拉至试验位置，合上昭国北线 625-D3 接地刀闸，在昭国北线 625 开关及开关小车操作把手上挂"禁止合闸，线路有人工作！"标示牌	√
（2）拉开 110kV 昭园变电站 10kV 昭国南线 621 开关，将昭国南线 621 开关小车拉至试验位置，合上昭国南线 621-D3 接地刀闸，在昭国南线 621 开关及开关小车操作把手上挂"禁止合闸，线路有人工作！"标示牌	√
（3）拉开 10kV 昭国北线 17 号杆 01 开关、01-1 刀闸，在 10kV 昭国北线 17 号杆 01-1 刀闸操作处悬挂"禁止合闸，线路有人工作！"标示牌，在 10kV 昭国北线 17 号杆大号侧装设接地线一组	√
（4）拉开 10kV 昭国南线 18 号杆 01 开关、01-1 刀闸，在 10kV 昭国南线 18 号杆 01-1 刀闸操作处悬挂"禁止合闸，线路有人工作！"标示牌，在 10kV 昭国南线 18 号杆小号侧装设接地线一组	√
（5）拉开 10kV 昭北西线 05 号杆 01 开关及 01-1 刀闸，07 号杆 02 开关及 02-1 刀闸，在 10kV 昭北西线 05 号杆 01-1 刀闸、07 号杆 02-1 刀闸操作处悬挂"禁止合闸，线路有人工作！"标示牌，在 10kV 昭北西线 06 号杆小号侧装设接地线一组	√

5.2 工作班完成的安全措施	已执行
（1）拉开 10kV 安通电器公司配电室配电变压器低压侧开关及高压侧进线开关，拉开 10kV 昭国北 T12 线 02 号杆跌落式熔断器，在 10kV 昭国北 T12 线 02 号杆小号侧装设接地线一组，在 10kV 昭国北 T12 线 02 号杆跌落式熔断器操作处悬挂"禁止合闸，线路有人工作！"标示牌	√
（2）在 10kV 昭国北线 01 号杆小号侧装设接地线一组	√
（3）在 10kV 昭国南线 01 号杆小号侧装设接地线一组	√

5.3 工作班装设（或拆除）的接地线			
线路名称或设备双重名称和装设位置	接地线编号	装设时间	拆除时间
10kV 昭国北线 01 号杆小号侧	01 号	2015 年 01 月 22 日 07 时 14 分	2015 年 01 月 22 日 15 时 19 分
10kV 昭国南线 01 号杆小号侧	02 号	2015 年 01 月 22 日 07 时 18 分	2015 年 01 月 22 日 15 时 20 分
10kV 昭国北 T12 线 02 号杆小号侧	03 号	2015 年 01 月 22 日 07 时 19 分	2015 年 01 月 22 日 15 时 22 分

5.4 配合停电线路应采取的安全措施	已执行
拉开 10kV 安通电器公司配电室配电变压器低压侧开关及高压侧进线开关，在已拉开的 10kV 日照安通电器公司配电室配电变压器高压侧进线开关操作处悬挂"禁止合闸，线路有人工作！"标示牌	√

5.5 保留或邻近的带电线路、设备

无

5.6 其他安全措施和注意事项

　　本施工地段位于圆中南路南侧绿化带内，02 号杆至 03 号杆间及 08 号杆至 09 号杆间跨越道路，两道路口和通行道路上施工工作地点周围装设遮栏，并面向外悬挂"止步，高压危险！"标示牌；在 01 号杆至 17 号杆处分别悬挂"在此工作！"标示牌。提前联系交警部门，在换线时采取交通限行措施，并设专人指挥。01 号杆与 02 号杆间跨越河流，施工时加强监护，防止人员落水。

工作票签发人签名　徐××　　　　　2015　年 01 月 21 日 16 时 54 分

工作负责人签名　宋××　　　　　　2015　年 01 月 21 日 16 时 56 分

5.7 其他安全措施和注意事项补充（由工作负责人或工作许可人填写）

　　昭国南线与昭国北线 01 号至 17 号杆同杆架设。

6. 工作许可

许可的线路或设备	许可方式	工作许可人	工作负责人签名	许可工作的时间
10kV 昭国北线01 号杆至 17 号杆间线路	当面许可	田××	宋××	2015 年 01 月 22 日 07 时 33 分
				年　月　日　时　分

7. 工作任务单登记

工作任务单编号	工作任务	小组负责人	工作许可时间	工作结束报告时间
无				

8. 现场交底，工作班成员确认工作负责人布置的工作任务、人员分工、安全措施和注意事项并签名：

　　李××、吴××、史××、孔××、陈××、秦××、赵××、费××、卢××、王××、刘××、钱××

9. 人员变更

9.1　工作负责人变动情况：原工作负责人＿＿＿＿＿＿＿＿离去，变更＿＿＿＿＿＿＿＿为工作负责人。

工作票签发人＿＿＿＿＿＿＿＿　　＿＿＿＿＿＿年＿＿＿月＿＿日＿＿时＿＿分

原工作负责人签名确认＿＿＿＿＿＿＿　　新工作负责人签名确认＿＿＿＿＿＿＿

＿＿＿＿年＿＿＿＿月＿＿日＿＿＿时＿＿＿分

9.2　工作人员变动情况

新增人员	姓名					
	变更时间					
离开人员	姓名					
	变更时间					

工作负责人签名＿＿＿＿＿＿＿＿＿＿

10. 工作票延期：有效期延长到＿＿＿＿＿年＿＿＿＿＿月＿＿＿＿日＿＿＿＿＿时＿＿＿＿＿分。

工作负责人签名＿＿＿＿＿＿＿＿　　＿＿＿＿＿年＿＿月＿＿日＿＿时＿＿＿分

工作许可人签名＿＿＿＿＿＿＿＿　　＿＿＿＿＿年＿＿月＿＿日＿＿时＿＿＿分

11. 每日开工和收工记录（使用一天的工作票不必填写）

收工时间	工作负责人	工作许可人	开工时间	工作许可人	工作负责人

12. 工作终结

12.1 工作班现场所装设接地线共___3___组、个人保安线共___0___组已全部拆除，工作班人员已全部撤离现场，材料工具已清理完毕，杆塔、设备上已无遗留物。

12.2 工作终结报告

终结的线路或设备	报告方式	工作负责人	工作许可人	终结报告时间
10kV 昭国北线 01 号杆至 17 号杆间线路	当面报告	宋××	田××	2015 年 01 月 22 日 15 时 52 分
				年　月　日　时　分

13. 备注

13.1 指定专责监护人_____   负责监护_____

_____（地点及具体工作）

13.2 其他事项___指定刘××负责现场交通安全_____

样例 2　10kV 兖州路 01 号公变增容

1. 试题素材

（1）工作任务：10kV 兖州路 01 号公变增容，原 400kVA 箱变更换为 630kVA 箱变。

（2）工作单位：配电运检室。

（3）工作班组：配电检修二班（运检分离模式）。

（4）工作负责人：秦××。

（5）工作班成员：刘××、陈××、史××、孔××、李××、王××、赵××。

（6）工作票签发人：徐××（配电运检室专工）。

290

（7）工作许可人：田××，当面许可。

（8）计划工作时间：2015 年 02 月 22 日 07 时 00 分～16 时
00 分。

（9）其他说明：

1）停电设备：10kV 西二线 11 号杆开关后段线路。

2）作业现场条件：现场无交叉、邻近（同杆塔、并行）电力
线路及设备；施工地点为兖州路东侧人行道旁，北侧靠近秦楼街
道滕家村南道路，人群密集，过往行人及车辆多。

3）本工作票中安全措施的执行界面、执行主体不存在错误，
"开关""刀闸""拉开""合上"等操作术语不作为考点，工作单
位、工作票编号、线路名称、设备名称及编号不作为考点。工作
票中的安全措施，只要工作票中某一处体现即可，不局限于具体
的栏目。

附图：

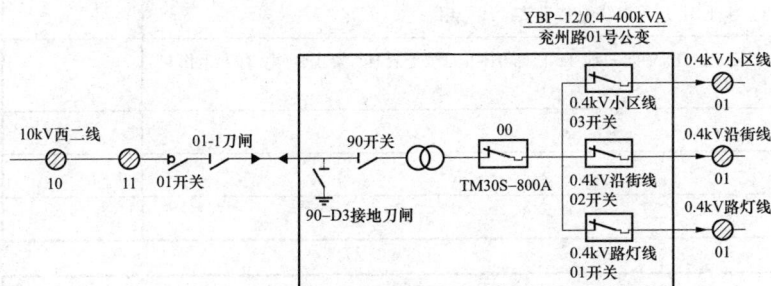

10kV 兖州路 01 号公变工作现场接线示意图

2. 答题要求

请根据所示配电第一种工作票找出票面上存在的错误并改正。

配电第一种工作票

单位	配电运检室	编号	03041502008
1. 工作负责人	秦××	班组	配电检修二班

2. 工作班成员（不包括工作负责人）刘××、陈××、史××、孔××、李××、王××、赵×× _____ 共 _7_ 人。

3. 工作任务

工作地点或设备 [注明变（配）电站、线路名称、设备双重名称及起止杆号]	工作内容
10kV 西二线 11 号杆 01 开关后段线路	01 号公变检修

4. 计划工作时间：自 _2015_ 年 _02_ 月 _22_ 日 _07_ 时 _00_ 分至 _2015_ 年 _02_ 月 _22_ 日 _16_ 时 _00_ 分

5. 安全措施 [应改为检修状态的线路、设备名称，应断开的断路器（开关）、隔离开关（刀闸）、熔断器，应合上的接地刀闸，应装设的接地线、绝缘隔板、遮栏（围栏）和标示牌等，装设的接地线应注明确具体位置，必要时可附页绘图说明]

5.1　调控或运维人员 [变（配）电站、发电厂] 应采取的安全措施	已执行
（1）拉开 10kV 西二线 11 号杆 01 开关及 01-1 刀闸，在 10kV 西二线 11 号杆 01 开关引线上装设接地线一组	√
（2）在 10kV 西二线 11 号杆 01-1 刀闸上悬挂"禁止合闸，有人工作！"标示牌	√

5.2　工作班完成的安全措施	已执行
（1）拉开兖州路 01 号公变 0.4kV 路灯线 01 开关，在 0.4kV 路灯线 01 号杆小号侧装设低压接地线一组	√
（2）拉开兖州路 01 号公变 0.4kV 沿街线 02 开关，在 0.4kV 沿街线 01 号杆小号侧装设低压接地线一组	√
（3）拉开兖州路 01 号公变 0.4kV 小区线 03 开关，在 0.4kV 小区线 01 号杆小号侧装设低压接地线一组	√
（4）拉开兖州路 01 号公变低压侧 00 开关、高压侧 90 开关，并在高压侧 90 开关进线电缆引线上装设接地线一组	√

5.3	工作班装设（或拆除）的接地线			
线路名称或设备双重名称和装设位置		接地线编号	装设时间	拆除时间
0.4kV 路灯线 01 号杆小号侧		01 号	2015 年 02 月 22 日 07 时 15 分	2015 年 02 月 22 日 15 时 05 分
0.4kV 沿街线 01 号杆小号侧		02 号	2015 年 02 月 22 日 07 时 19 分	2015 年 02 月 22 日 15 时 11 分
0.4kV 小区线 01 号杆小号侧		03 号	2015 年 02 月 22 日 07 时 24 分	2015 年 02 月 22 日 15 时 16 分
10kV 兖州路 01 号公变 10kV 侧 90 开关进线电缆引线上		04 号	2015 年 02 月 22 日 07 时 28 分	2015 年 02 月 22 日 15 时 26 分

5.4	配合停电线路应采取的安全措施	已执行
	无	

5.5 保留或邻近的带电线路、设备

10kV 西二线 11 号杆 01-1 刀闸开关侧带电。

5.6 其他安全措施和注意事项

本次施工地点为兖州路东侧人行道旁，北侧靠近秦楼街道滕家村南道路，人口较为密集，过往行人及车辆较多，01 号公变工作地点周围装设遮栏，并面向外悬挂"止步，高压危险！"标示牌，工作地点装设"在此工作！"标示牌。工作时临时封闭人行道路，防止车辆或行人靠近工作地点。

工作票签发人签名 　徐××　　　 2015 年 02 月 21 日 09 时 30 分

工作负责人签名 　秦××　　　 2015 年 02 月 21 日 09 时 41 分

5.7 其他安全措施和注意事项补充（由工作负责人或工作许可人填写）

　无

6. 工作许可

许可的线路或设备	许可方式	工作许可人	工作负责人签名	许可工作的时间
10kV 西二线 11 号杆 01 开关后段线路	当面许可	田××	秦××	2015 年 02 月 22 日 07 时 09 分
				年 月 日 时 分

7. 工作任务单登记

工作任务单编号	工作任务	小组负责人	工作许可时间	工作结束报告时间

8. 现场交底，工作班成员确认工作负责人布置的工作任务、人员分工、安全措施和注意事项并签名：

　　刘××、陈××、史××、孔××、李××、王××、赵××

9. 人员变更

9.1　工作负责人变动情况：原工作负责人＿＿＿＿＿＿＿离去，变更＿＿＿＿＿＿＿为工作负责人。

工作票签发人＿＿＿＿＿＿＿　　＿＿＿＿＿＿＿年＿＿＿月＿＿日＿＿时＿＿＿分

原工作负责人签名确认＿＿＿＿＿＿＿　新工作负责人签名确认＿＿＿＿＿＿＿

＿＿＿＿＿年＿＿＿月＿＿＿日＿＿时＿＿＿分

9.2　工作人员变动情况

新增人员	姓名					
	变更时间					
离开人员	姓名					
	变更时间					

工作负责人签名＿＿＿＿＿＿＿＿＿

10. 工作票延期：有效期延长到＿＿＿＿＿年＿＿＿＿月＿＿＿＿日＿＿＿＿时＿＿＿＿分。

工作负责人签名＿＿＿＿＿＿＿＿＿　　＿＿＿＿＿＿年＿＿＿月＿＿日＿＿时＿＿＿分

工作许可人签名＿＿＿＿＿＿＿＿＿　　＿＿＿＿＿＿年＿＿＿月＿＿日＿＿时＿＿＿分

11. 每日开工和收工记录（使用一天的工作票不必填写）

收工时间	工作负责人	工作许可人	开工时间	工作许可人	工作负责人

12. 工作终结

12.1 工作班现场所装设接地线共___5___组、个人保安线共___0___组已全部拆除，工作班人员全部撤离现场，材料工具已清理完毕，杆塔、设备上已无遗留物。

12.2 工作终结报告

终结的线路或设备	报告方式	工作负责人	工作许可人	终结报告时间
10kV 西二线 11 号杆 01 开关后段线路	当面报告	秦××	田××	2015 年 02 月 22 日 15 时 55 分
				年　月　日　时　分

13. 备注

13.1 指定专责监护人___李×ׯ__负责监护___环网柜施工区域周围环境，指挥车辆及行人_____（地点及具体工作）

13.2 其他事项___指定王××负责吊车指挥，禁止其他人参与指挥。_____

［样例2　存在错误］

（1）"工作地点或设备"栏：应填写 10kV 西二线 11 号杆后兖州路 01 号公变；"工作内容"栏：应填写 01 号公变增容，原 400kVA 箱变更换为 630kVA 箱变。

（2）"安全措施"栏：

5.1（1）栏：在 10kV 西二线 11 号杆 01 开关引线上装设接地线一组，应改为：在 10kV 西二线 11 号杆 01-1 刀闸下户电缆侧装设接地线一组。

5.1（2）栏："禁止合闸，有人工作！"标示牌，应改为："禁止合闸，线路有人工作！"标示牌。

（3）"工作终结"栏：

12.1 栏：接地线数量应为 4 组。

[样例2 正确工作票示意]

配电第一种工作票

单位___配电运检室___ 编号___03041502008___

1. 工作负责人___秦××___ 班组___配电检修二班___

2. 工作班成员（不包括工作负责人）刘××、陈××、史××、孔××、王××、李××、赵×× 共_7_人。

3. 工作任务

工作地点或设备［注明变（配）电站、线路名称、设备双重名称及起止杆号］	工作内容
10kV 西二线 11 号杆后兖州路 01 号公变	01 号公变增容，原 400kVA 箱变更换为 630kVA 箱变

4. 计划工作时间：自_2015_年_02_月_22_日_07_时_00_分至 _2015_年_02_月_22_日_16_时_00_分

5. 安全措施［应改为检修状态的线路、设备名称，应断开的断路器（开关）、隔离开关（刀闸）、熔断器，应合上的接地刀闸，应装设的接地线、绝缘隔板、遮栏（围栏）和标示牌等，装设的接地线应明确具体位置，必要时可附页绘图说明］

5.1 调控或运维人员［变（配）电站、发电厂］应采取的安全措施	已执行
（1）拉开 10kV 西二线 11 号杆 01 开关及 01–1 刀闸，在 10kV 西二线 11 号杆 01–1 刀闸下户电缆侧装设接地线一组	√
（2）在 10kV 西二线 11 号杆 01–1 刀闸操作处悬挂"禁止合闸，线路有人工作！"标示牌	√

5.2　工作班完成的安全措施	已执行
（1）拉开兖州路 01 号公变 0.4kV 路灯线 01 开关，在 0.4kV 路灯线 01 号杆小号侧装设低压接地线一组	√
（2）拉开兖州路 01 号公变 0.4kV 沿街线 02 开关，在 0.4kV 沿街线 01 号杆小号侧装设低压接地线一组	√
（3）拉开兖州路 01 号公变 0.4kV 小区线 03 开关，在 0.4kV 小区线 01 号杆小号侧装设低压接地线一组	√
（4）拉开兖州路 01 号公变低压侧 00 开关、高压侧 90 开关，并在高压侧 90 开关进线电缆引线上装设接地线一组	√

5.3　工作班装设（或拆除）的接地线			
线路名称或设备双重名称和装设位置	接地线编号	装设时间	拆除时间
0.4kV 路灯线 01 号杆小号侧	01 号	2015 年 02 月 22 日 07 时 15 分	2015 年 02 月 22 日 15 时 05 分
0.4kV 沿街线 01 号杆小号侧	02 号	2015 年 02 月 22 日 07 时 19 分	2015 年 02 月 22 日 15 时 11 分
0.4kV 小区线 01 号杆小号侧	03 号	2015 年 02 月 22 日 07 时 24 分	2015 年 02 月 22 日 15 时 16 分
10kV 兖州路 01 号公变 10kV 侧 90 开关进线电缆引线上	04 号	2015 年 02 月 22 日 07 时 28 分	2015 年 02 月 22 日 15 时 26 分

5.4　配合停电线路应采取的安全措施	已执行
无	

5.5　保留或邻近的带电线路、设备
　　10kV 西二线 11 号杆 01-1 刀闸开关侧带电。

5.6　其他安全措施和注意事项
　　本次施工地点为兖州路东侧人行道旁，北侧靠近秦楼街道滕家村南道路，人口较为密集，过往行人及车辆较多，01 号公变工作地点周围装设遮栏，并面向外悬挂"止步，高压危险！"标示牌，工作地点装设"在此工作！"标示牌。工作时临时封闭人行道路，防止车辆或行人靠近工作地点。

工作票签发人签名＿＿徐××＿＿，＿＿＿＿＿＿＿＿＿2015＿年＿02＿月＿21＿日＿09＿时＿30＿分

工作负责人签名＿＿＿＿秦××＿＿＿＿＿2015＿年＿02＿＿月＿21＿日＿09＿时＿41＿分

5.7　其他安全措施和注意事项补充（由工作负责人或工作许可人填写）

＿＿＿＿无＿＿

＿＿

6. 工作许可

许可的线路或设备	许可方式	工作许可人	工作负责人签名	许可工作的时间
10kV 西二线 11 号杆 01 开关后段线路	当面许可	田××	秦××	2015 年 02 月 22 日 07 时 09 分
				年　月　日　时　分

7. 工作任务单登记

工作任务单编号	工作任务	小组负责人	工作许可时间	工作结束报告时间

8. 现场交底，工作班成员确认工作负责人布置的工作任务、人员分工、安全措施和注意事项并签名：

刘××、陈××、史××、孔××、王××、李××、赵××＿＿＿＿＿＿＿＿＿＿＿＿

9. 人员变更

9.1　工作负责人变动情况：原工作负责人＿＿＿＿＿＿＿＿＿＿离去，变更＿＿＿＿＿＿＿＿＿＿为工作负责人。

工作票签发人＿＿＿＿＿＿＿＿　＿＿＿＿＿＿＿年＿＿＿＿月＿＿日＿＿＿时＿＿＿分

原工作负责人签名确认＿＿＿＿＿＿＿＿　　新工作负责人签名确认＿＿＿＿＿＿＿＿

＿＿＿＿＿＿年＿＿＿＿月＿＿日＿＿时＿＿分

9.2　工作人员变动情况

新增人员	姓名						
	变更时间						
离开人员	姓名						
	变更时间						

工作负责人签名_____

10. 工作票延期：有效期延长到_____年_____月_____日_____时_____分。

工作负责人签名_____　　　_____年___月___日___时____分

工作许可人签名_____　　　_____年___月___日___时____分

11. 每日开工和收工记录（使用一天的工作票不必填写）

收工时间	工作负责人	工作许可人	开工时间	工作许可人	工作负责人

12. 工作终结

12.1　工作班现场所装设接地线共___4___组、个人保安线共___0___组已全部拆除，工作班人员已全部撤离现场，材料工具已清理完毕，杆塔、设备上已无遗留物。

12.2　工作终结报告

终结的线路或设备	报告方式	工作负责人	工作许可人	终结报告时间
10kV 西二线 11 号杆 01 开关后段线路	当面报告	秦××	田××	2015 年 02 月 22 日 15 时 55 分
				年　月　日　时　分

13. 备注

13.1　指定专责监护人___李××___负责监护___环网柜施工区域周围环境，指挥车辆及

行人

_____（地点及具体工作）

13.2 　其他事项　　指定王××负责吊车指挥，禁止其他人参与指挥。

样例 3　10kV 大岭工业线和平机械厂支线 04 号杆安装开关，T接金麟房产下户线

1. 试题素材

（1）工作任务：10kV 大岭工业线和平机械厂支线 04 号杆安装开关，T 接金麟房产下户线。

（2）工作单位：配电运检室。

（3）工作班组：配电检修二班（运检分离模式）。

（4）工作负责人：秦××。

（5）工作班成员：刘××、陈××、史××、孔××。

（6）工作票签发人：徐××（配电运检室专工）。

（7）工作许可人：田××，当面许可。

（8）计划工作时间：2015 年 3 月 1 日 09 时 00 分～14 时 00 分。

（9）其他说明：

1）停电设备：10kV 大岭工业线全线停电。

2）作业现场条件：现场无交叉、邻近（同杆塔、并行）电力线路及设备；施工地点金麟小区门前道路西侧人行道旁，人口较为密集，过往行人及车辆较多。

3）本工作票中安全措施的执行界面、执行主体不存在错误，"开关""刀闸""拉开""合上"等操作术语不作为考点，工作单位、工作票编号、线路名称、设备名称及编号不作为考点。工作票中的安全措施，只要工作票中某一处体现即可，不局限于具体的栏目。

附图：

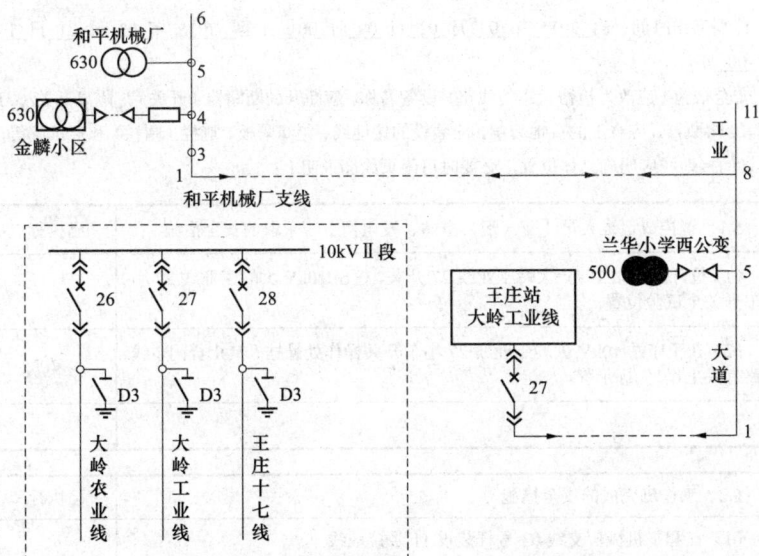

王庄站大岭工业线间隔示意图

10kV 大岭工业线和平机械厂支线工作现场接线示意图

2. 答题要求

请根据所示配电第一种工作票找出票面上存在的错误并改正。

配电第一种工作票

单位　　配电运检室　　　　　　　　　　编号　　03041502016

1. 工作负责人　秦××　　　　　　　　　班组　　　配电检修二班

2. 工作班成员（不包括工作负责人）刘××、陈××、史××、孔××

_____共_4_人。

3. 工作任务

工作地点或设备［注明变（配）电站、线路名称、设备双重名称及起止杆号］	工作内容
10kV 大岭工业线和平机械厂支线 04 号杆	安装开关，T 接金麟房产下户线

4. 计划工作时间：自 _2015_ 年 _03_ 月 _01_ 日 _09_ 时 _00_ 分至 _2015_ 年 _03_ 月 _01_ 日 _14_ 时 _00_ 分

5. 安全措施［应改为检修状态的线路、设备名称，应断开的断路器（开关）、隔离开关（刀闸）、熔断器，应合上的接地刀闸，应装设的接地线、绝缘隔板、遮栏（围栏）和标示牌等，装设的接地线应明确具体位置，必要时可附页绘图说明］

5.1　调控或运维人员［变（配）电站、发电厂］应采取的安全措施	已执行
（1）拉开王庄站 10kV 大岭工业线 27 开关，拉出 10kV 大岭工业线 27 小车开关至试验位置	√
（2）在王庄站 10kV 大岭工业线 27 小车开关操作处悬挂"禁止合闸，线路有人工作！"标示牌	√

5.2　工作班完成的安全措施	已执行
（1）在和平机械厂支线 03 号杆装设 11 号接地线	√
（2）和平机械厂支线 05 号杆装设 12 号接地线	√
（3）在 10kV 大岭工业线和平机械厂支线 04 号杆工作现场设围栏	√

5.3　工作班装设（或拆除）的接地线			
线路名称或设备双重名称和装设位置	接地线编号	装设时间	拆除时间
在和平机械厂支线 03 号杆大号侧	11 号	2015 年 03 月 01 日 08 时 30 分	2015 年 03 月 01 日 15 时 30 分
在和平机械厂支线 05 号杆小号侧	12 号	2015 年 03 月 01 日 08 时 38 分	2015 年 03 月 01 日 15 时 38 分

5.4　配合停电线路应采取的安全措施	已执行
无	

5.5　保留或邻近的带电线路、设备

无

5.6 其他安全措施和注意事项
无_____

_____

工作票签发人签名__徐××____   __2015__年__02__月__28__日__16__时__30__分
工作负责人签名__秦××____   __2015__年__02__月__28__日__16__时__32__分

5.7 其他安全措施和注意事项补充（由工作负责人或工作许可人填写）
无_____

_____

6. 工作许可

许可的线路或设备	许可方式	工作许可人	工作负责人签名	许可工作的时间
10kV 大岭工业线和平机械厂支线 04 号杆	当面许可	田××	秦××	2015 年 03 月 01 日 09 时 05 分
				年　月　日　时　分

7. 工作任务单登记

工作任务单编号	工作任务	小组负责人	工作许可时间	工作结束报告时间

8. 现场交底，工作班成员确认工作负责人布置的工作任务、人员分工、安全措施和注意事项并签名：
__刘××、陈××、史××、孔××_____

_____

9. 人员变更

9.1 工作负责人变动情况：原工作负责人_____离去，变更_____为工作负责人。

工作票签发人_____   _____年____月____日____时____分
原工作负责人签名确认_____   新工作负责人签名确认_____
____年____月____日____时____分

9.2 工作人员变动情况

新增人员	姓名					
	变更时间					
离开人员	姓名					
	变更时间					

工作负责人签名_____

10. 工作票延期：有效期延长到_____年_____月_____日_____时_____分。

工作负责人签名_____ _____年____月____日____时____分

工作许可人签名_____ _____年____月____日____时____分

11. 每日开工和收工记录（使用一天的工作票不必填写）

收工时间	工作负责人	工作许可人	开工时间	工作许可人	工作负责人

12. 工作终结

12.1 工作班现场所装设接地线共__2__组、个人保安线共__0__组已全部拆除，工作班人员已全部撤离现场，材料工具已清理完毕，杆塔、设备上已无遗留物。

12.2 工作终结报告

终结的线路或设备	报告方式	工作负责人	工作许可人	终结报告时间
10kV 大岭工业线和平机械厂支线 04 号杆	当面报告	秦××	田××	2015 年 03 月 01 日 13 时 50 分
				年 月 日 时 分

13. 备注

13.1 指定专责监护人 __孔××__ 负责监护 大岭工业线和平机械厂支线 04 号杆施工区域周围环境，指挥车辆及行人，防止人员及车辆靠近

_____

_____（地点及具体工作）

13.2 其他事项_____

[样例3 存在错误]

"安全措施"栏:

5.1（1）栏：应增加"合上 27-D3 接地刀闸"。

5.2（3）栏：应增加"围栏面向外悬挂'止步，高压危险!'标示牌，工作地点装设'在此工作!'标示牌"。

[样例3 正确工作票示意]

配电第一种工作票

单位　　配电运检室　　　　　　　　　　编号　　　03041502016

1. 工作负责人　秦××　　　　　　　　　班组　　　配电检修二班

2. 工作班成员（不包括工作负责人）刘××、陈××、史××、孔××

　　　　　　　　　　　　　　　　　　　　　　　　　　　共　4　人。

3. 工作任务

工作地点或设备［注明变（配）电站、线路名称、设备双重名称及起止杆号］	工作内容
10kV 大岭工业线和平机械厂支线 04 号杆	安装开关，T 接金麟房产下户线

4. 计划工作时间:自 2015 年 03 月 01 日 09 时 00 分至 2015 年 03 月 01 日 14 时 00 分

5. 安全措施［应改为检修状态的线路、设备名称，应断开的断路器（开关）、隔离开关（刀闸）、熔断器，应合上的接地刀闸，应装设的接地线、绝缘隔板、遮栏（围栏）和标示牌等，装设的接地线应明确具体位置，必要时可附页绘图说明］

5.1　调控或运维人员［变（配）电站、发电厂］应采取的安全措施	已执行
（1）拉开王庄站 10kV 大岭工业线 27 开关，拉出 10kV 大岭工业线 27 小车开关至试验位置，合上 27-D3 接地刀闸	√
（2）在王庄站 10kV 大岭工业线 27 小车开关操作处悬挂"禁止合闸，线路有人工作!"标示牌	√

5.2 工作班完成的安全措施	已执行
（1）在和平机械厂支线 03 号杆装设 11 号接地线	√
（2）和平机械厂支线 05 号杆装设 12 号接地线	√
（3）在 10kV 大岭工业线和平机械厂支线 04 号杆工作现场设围栏，围栏面向外悬挂"止步，高压危险！"标示牌，工作地点装设"在此工作！"标示牌	√

5.3 工作班装设（或拆除）的接地线			
线路名称或设备双重名称和装设位置	接地线编号	装设时间	拆除时间
在和平机械厂支线 03 号杆大号侧	11 号	2015 年 03 月 01 日 08 时 30 分	2015 年 03 月 01 日 13 时 30 分
在和平机械厂支线 05 号杆小号侧	12 号	2015 年 03 月 01 日 08 时 38 分	2015 年 03 月 01 日 13 时 38 分

5.4 配合停线路应采取的安全措施	已执行
无	

5.5 保留或邻近的带电线路、设备

无 _____

_____

5.6 其他安全措施和注意事项

_____

工作票签发人签名 徐×× 2015 年 02 月 28 日 16 时 30 分

工作负责人签名 秦×× 2015 年 2 月 28 日 16 时 32 分

5.7 其他安全措施和注意事项补充（由工作负责人或工作许可人填写）

无 _____

6. 工作许可

许可的线路或设备	许可方式	工作许可人	工作负责人签名	许可工作的时间
10kV 大岭工业线和平机械厂支线 04 号杆	当面许可	田××	秦××	2015 年 03 月 01 日 09 时 05 分
				年 月 日 时 分

7. 工作任务单登记

工作任务单编号	工作任务	小组负责人	工作许可时间	工作结束报告时间

8. 现场交底，工作班成员确认工作负责人布置的工作任务、人员分工、安全措施和注意事项并签名：

_____刘××、陈××、史××、孔××_____

_____

9. 人员变更

9.1　工作负责人变动情况：原工作负责人_____离去，变更_____为工作负责人。

工作票签发人_____　　_____年____月___日___时___分

原工作负责人签名确认_____　　新工作负责人签名确认_____

_____年_____月___日___时___分

9.2　工作人员变动情况

新增人员	姓名					
	变更时间					
离开人员	姓名					
	变更时间					

工作负责人签名_____

10. 工作票延期：有效期延长到_____年_____月___日___时___分。

工作负责人签名_____　　_____年____月___日___时___分。

工作许可人签名_____　　_____年____月___日___时___分。

11. 每日开工和收工记录（使用一天的工作票不必填写）

收工时间	工作负责人	工作许可人	开工时间	工作许可人	工作负责人

12. 工作终结

12.1 工作班现场所装设接地线共 __2__ 组、个人保安线共 __0__ 组已全部拆除，工作班人员已全部撤离现场，材料工具已清理完毕，杆塔、设备上已无遗留物。

12.2 工作终结报告

终结的线路或设备	报告方式	工作负责人	工作许可人	终结报告时间
10kV 大岭工业线和平机械厂支线 04 号杆	当面报告	秦××	田××	2015 年 03 月 01 日 13 时 50 分
				年 月 日 时 分

13. 备注

13.1 指定专责监护人 __孔××__ 负责监护 大岭工业线和平机械厂支线 04 号杆施工区域周围环境，指挥车辆及行人，防止人员及车辆靠近 _____

_____（地点及具体工作）

13.2 其他事项_____

样例 4 10kV 昭纬西线昭山荟阳线 08 号杆接地极消缺

1. 试题素材

（1）工作任务：10kV 昭纬西线昭山荟阳线 08 号杆接地极消缺，下引线重新固定。

（2）工作单位：配电运检室。

（3）工作班组：配电运维二班。

（4）工作负责人：宋××（配电运维二班班员）。

（5）工作班成员：秦××、刘××、王××（配电运维二班班员）。

（6）工作票签发人：李××（配电运维二班班长）。

（7）工作许可人：徐××，当面许可。

（8）计划工作时间：2015 年 01 月 17 日 08 时 30 分～14 时 30 分。

（9）其他说明：

1）消缺设备：10kV 昭纬西线昭山荟阳线 08 号杆。

2）作业现场条件：现场无交叉、邻近（同杆塔、并行）电力线路及设备，作业地点车辆及人群密集，应设置专人指挥、引导车辆和行人，防止车辆、人员进入。

2. 答题要求

请根据所示配电第二种工作票找出票面上存在的错误并改正。

配电第二种工作票

单位 ___配电运检室___ 　　　　　　编号___03041501036___

1. 工作负责人___宋××___ 　　　　　　班组　　___配电运维二班___

2. 工作班成员（不包括工作负责人）___秦××、刘××、王××___

_____ 共 ___3___ 人。

3. 工作任务

工作地点或设备［注明变（配）电站、线路名称、设备双重名称及起止杆号］	工作内容
10kV 昭纬西线昭山荟阳线 08 号杆	接地极消缺，下引线重新固定

4. 计划工作时间：自 ___2015___ 年 ___01___ 月 ___17___ 日 ___08___ 时 ___30___ 分至 ___2015___ 年 ___01___ 月 ___17___ 日 ___14___ 时 ___30___ 分

5. 工作条件和安全措施（必要时可附页绘图说明）

（1）10kV 昭纬西线昭山荟阳线路不停电，保持人身、工具、材料与带电体的安全距离不小于 0.7m。

（2）10kV 昭纬西线昭山荟阳线 08 号杆位于荟阳路东侧人行道处，周围为建材市场，行人和车辆较多，工作区域周围设围栏，工作时防止车辆和行人进入。

（3）解开或恢复接地引下线时，应戴绝缘手套，禁止直接接触与地断开的接地引下线。

工作票签发人签名___李××___ 　　　___2015___ 年 ___01___ 月 ___16___ 日 ___14___ 时 ___00___ 分

工作负责人签名___宋××___ 　　　___2015___ 年 ___01___ 月 ___16___ 日 ___14___ 时 ___25___ 分

6. 现场补充的安全措施

无

7. 工作许可

许可的线路、设备	许可方式	工作许可人	工作负责人签名	许可工作（或开工）时间
10kV 昭纬西线昭山荟阳线 08 号杆	电话许可	徐××	宋××	2015 年 01 月 17 日 08 时 40 分
				年 月 日 时 分

8. 现场交底，工作班成员确认工作负责人布置的工作任务、人员分工、安全措施和注意事项并签名：

　　秦××、刘××、王××

工作开始时间 2015 年 01 月 17 日 08 时 40 分　工作负责人签名 宋××

9. 工作票延期：有效期延长到_____年____月____日____时____分。

工作负责人签名_____　　　____年____月____日____时____分

工作许可人签名_____　　　____年____月____日____时____分

10. 工作完工时间 2015 年 01 月 17 日 14 时 20 分　工作负责人签名 宋××

11. 工作终结

11.1　工作班人员已全部撤离现场，材料工具已清理完毕，杆塔、设备上已无遗留物。

11.2　工作终结报告

终结的线路或设备	报告方式	工作负责人签名	工作许可人	终结报告（或结束）时间
10kV 昭纬西线昭山荟阳线 08 号杆	电话报告	宋××	徐××	2015 年 01 月 17 日 14 时 22 分
				年 月 日 时 分

12. 备注

12.1　指定专责监护人_____负责监护_____

_____（地点及具体工作）

12.2　其他事项

_____

（1）"工作条件和安全措施"栏中"（2）"增加"禁止通行"标示牌。

（2）"备注"栏：

12.2 其他事项栏：应设置专人指挥、引导车辆和行人，防止车辆、人员进入。

[样例4 正确工作票示意]

配电第二种工作票

单位　　配电运检室　　　　　　　　　　　　编号　03041501036　

1. 工作负责人　　　宋××　　　　　　　　班组　　　　配电运维二班　　　　　

2. 工作班成员（不包括工作负责人）　　　秦××、刘××、王××　

　　　　　　　　　　　　　　　　　　　　　　　共　3　人。

3. 工作任务

工作地点或设备 [注明变（配）电站、线路名称、设备双重名称及起止杆号]	工作内容
10kV 昭纬西线昭山荟阳线 08 号杆	接地极消缺，下引线重新固定

4. 计划工作时间：自　2015　年　01　月　17　日　8　时　30　分至　2015　年　01　月　17　日　14　时　30　分

5. 工作条件和安全措施（必要时可附页绘图说明）

（1）10kV 昭纬西线昭山荟阳线路不停电，保持人身、工具、材料与带电体的安全距离不小于 0.7m。

（2）10kV 昭纬西线昭山荟阳线 08 号杆位于荟阳路东侧人行道处，周围为建材市场，行人和车辆较多，工作区域周围设围栏，悬挂"禁止通行"标示牌，工作时防止车辆和行人进入。

（3）解开或恢复接地引下线时，应戴绝缘手套，禁止直接接触与地断开的接地引下线。

工作票签发人签名　　　李××　　　　　　2015　年　01　月　16　日　14　时　00　分

工作负责人签名　　　宋××　　　　　　　2015　年　01　月　16　日　14　时　25　分

6. 现场补充的安全措施

无_____

_____

7. 工作许可

许可的线路、设备	许可方式	工作许可人	工作负责人签名	许可工作（或开工）时间
10kV 昭纬西线昭山荟阳线 08 号杆	电话许可	徐××	宋××	2015 年 01 月 17 日 08 时 40 分
				年　月　日　时　分

8. 现场交底，工作班成员确认工作负责人布置的工作任务、人员分工、安全措施和注意事项并签名：

　　秦××、刘××、李××_____

工作开始时间 2015 年 01 月 17 日 08 时 40 分　　工作负责人签名　宋××

9. 工作票延期：有效期延长到_____年___月___日____时____分。

工作负责人签名_____　_____年___月___日____时____分

工作许可人签名_____　_____年___月___日____时____分

10. 工作完工时间 2015 年 01 月 17 日 14 时 20 分　　工作负责人签名　宋××

11. 工作终结

11.1　工作班人员已全部撤离现场，材料工具已清理完毕，杆塔、设备上已无遗留物。

11.2　工作终结报告

终结的线路或设备	报告方式	工作负责人签名	工作许可人	终结报告（或结束）时间
10kV 昭纬西线昭山荟阳线 08 号杆	电话报告	宋××	徐××	2015 年 01 月 17 日 14 时 22 分
				年　月　日　时　分

12. 备注

12.1　指定专责监护人_____负责监护_____

_____（地点及具体工作）

12.2　其他事项

设置专人指挥、引导车辆和行人，防止车辆、人员进入。_____

312

样例 5　10kV 荟阳路公变（箱变）0.4kV 低压配电盘出线开关更换

1. 试题素材

（1）工作任务：10kV 荟阳路公变（箱变）0.4kV 低压配电盘出线开关更换。

（2）工作单位：配电运检室。

（3）工作班组：配电运维二班。

（4）工作负责人：刘××（配电运维二班班员）。

（5）工作班成员：秦××、卢××（配电运维二班班员）。

（6）工作票签发人：徐××（配电运检室专工）。

（7）工作许可人：李××，当面许可。

（8）计划工作时间：2015 年 01 月 14 日 09 时 30 分～12 时 00 分。

（9）其他说明：

1）设备：10kV 滕望线 07 号杆荟阳路公变 0.4kV 低压配电盘。

2）现场条件：现场无交叉、邻近（同杆塔、并行）电力线路及设备。

附图：

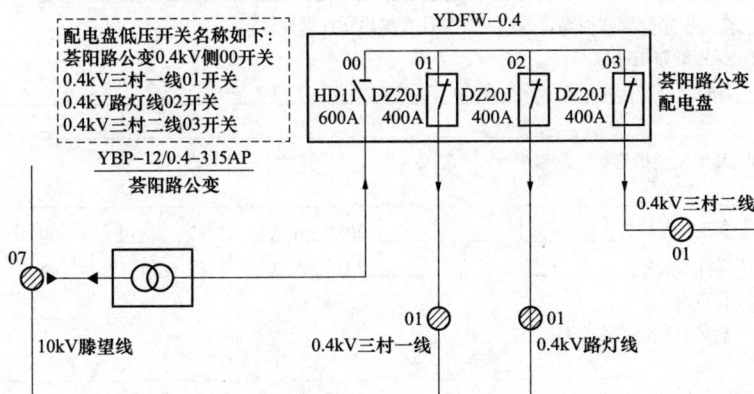

10kV 荟阳路公变工作现场接线示意图

2. 答题要求

请根据所示低压工作票找出票面上存在的错误并改正。

低 压 工 作 票

单位___配电运检室___   编号_03041501012_

1. 工作负责人___刘××___   班组_____配电运维二班_____

2. 工作班成员（不包括工作负责人）___秦××、卢××_____

_____ 共 _2_ 人。

3. 工作的线路名称或设备双重名称（多回路应注明双重称号及方位）、工作任务

___10kV 滕望线 07 号杆荟阳路公变 0.4kV 低压配电盘出线开关更换。___

4. 计划工作时间：自_2015_年_01_月_14_日_09_时_30_分至_2015_年_01_月_14_日_12_时_00_分

5. 安全措施（必要时可附页绘图说明）

5.1 工作的条件和应采取的安全措施（停电、接地、隔离和装设的安全遮栏、围栏、标示牌等）

（1）拉开荟阳路公变 0.4kV 低压配电盘进出线开关。

（2）在荟阳路公变 0.4kV 低压配电盘 00 开关负荷侧装设低压接地线一组；在 0.4kV 三村一线 01 号杆小号侧装设低压接地线一组；在 0.4kV 路灯线 01 号杆小号侧装设低压接地线一组；在 0.4kV 三村二线 01 号杆小号侧装设低压接地线一组。

（3）分别在荟阳路公变 0.4kV 低压配电盘 00 开关、01 开关、02 开关、03 开关操作把手上挂"禁止合闸，有人工作！"标示牌；在工作地点装设"在此工作！"标示牌。

（4）在荟阳路公变四周设置围栏，并悬挂"禁止通行"标示牌。

5.2 保留的带电部位

___荟阳路公变 0.4kV 低压配电盘 00 开关电源侧及以上设备带电。___

_____

5.3 其他安全措施和注意事项

无_____

工作票签发人签名_徐××_，_____ _2015_年_01_月_13_日_10_时_00_分

工作负责人签名___刘××___ _2015_年_01_月_13_日_10_时_08_分

6. 工作许可

6.1 现场补充的安全措施

无_____

6.2 确认本工作票安全措施正确完备，许可工作开始

许可方式___当面许可___许可工作时间_2015_年_01_月_14_日_09_时_37_分

314

工作许可人签名　　李××　　　　工作负责人签名　　刘××

7. 现场交底，工作班成员确认工作负责人布置的工作任务、人员分工、安全措施和注意事项并签名：

　　秦××、卢××

8. 工作票终结

工作班现场所装设接地线共　　4　　组、个人保安线共　　0　　组已全部拆除，工作班人员全部撤离现场，工具、材料已清理完毕，杆塔、设备上已无遗留物。

工作负责人签名　　刘××　　　　　　工作许可人签名　　李××

工作终结时间　2015　年　01　月　14　日　11　时　55　分

9. 备注

> **［样例 5　存在错误］**
>
> 　　（1）工作任务栏：工作内容改为"10kV 荟阳路公变 0.4kV 低压配电盘三村一线 01 开关、路灯线 02 开关、三村二线 03 开关更换"。
>
> 　　（2）"安全措施"栏：
>
> 　　5.1（1）栏：应改为"拉开荟阳路公变 0.4kV 低压配电盘 01、02、03、00 开关"。
>
> 　　5.1（3）栏：01 开关、02 开关、03 开关需更换，不应挂"禁止合闸，有人工作！"标示牌。

［样例 5　正确工作票示意］

低 压 工 作 票

单位　　配电运检室　　　　　　　　编号　03041501012

1. 工作负责人　刘××　　　　　　　班组　　　　　配电运维二班

2. 工作班成员（不包括工作负责人）　　　　秦××、卢××

　　　　　　　　　　　　　　　　　　　　　　　　共　2　人。

3. 工作的线路名称或设备双重名称（多回路应注明双重称号及方位）、工作任务

　　10kV 荟阳路公变 0.4kV 低压配电盘三村一线 01 开关、路灯线 02 开关、三村二线 03 开关更换。

4. 计划工作时间：自 __2015__ 年 __01__ 月 __14__ 日 __09__ 时 __30__ 分至 __2015__ 年 __01__ 月 __14__ 日 __12__ 时 __00__ 分

5. 安全措施（必要时可附页绘图说明）

5.1　工作的条件和应采取的安全措施（停电、接地、隔离和装设的安全遮栏、围栏、标示牌等）

（1）拉开荟阳路公变 0.4kV 低压配电盘 01、02、03、00 开关。

（2）在荟阳路公变 0.4kV 低压配电盘 00 开关负荷侧装设低压接地线一组；在 0.4kV 三村一线 01 号杆小号侧装设低压接地线一组；在 0.4kV 路灯线 01 号杆小号侧装设低压接地线一组；在 0.4kV 三村二线 01 号杆小号侧装设低压接地线一组。

（3）在荟阳路公变 0.4kV 低压配电盘 00 开关操作把手上挂"禁止合闸，有人工作"标示牌；在工作地点装设"在此工作！"标示牌。

（4）在荟阳路公变四周设置围栏，并悬挂"禁止通行"标示牌。

5.2　保留的带电部位

　　荟阳路公变 0.4kV 低压配电盘 00 开关电源侧及以上设备带电。

_____

5.3　其他安全措施和注意事项

　　无

_____

工作票签发人签名 __徐××__ ，　　　　　 __2015__ 年 __01__ 月 __13__ 日 __10__ 时 __00__ 分

工作负责人签名 __刘××__ 　　　　　 __2015__ 年 __01__ 月 __13__ 日 __10__ 时 __08__ 分

6. 工作许可

6.1　现场补充的安全措施

　　无

_____

6.2　确认本工作票安全措施正确完备，许可工作开始

许可方式 __当面许可__ 许可工作时间 __2015__ 年 __01__ 月 __14__ 日 __09__ 时 __37__ 分

工作许可人签名 __李××__ 　　　 工作负责人签名 __刘××__

7. 现场交底，工作班成员确认工作负责人布置的工作任务、人员分工、安全措施和注意事项并签名：

　　秦××、卢××

8. 工作票终结

工作班现场所装设接地线共 __4__ 组、个人保安线共 __0__ 组已全部拆除，工作班人员已全部撤离现场，工具、材料已清理完毕，杆塔、设备上已无遗留物。

工作负责人签名 __刘××__ 　　　　　 工作许可人签名 __李××__

工作终结时间 __2015__ 年 __01__ 月 __14__ 日 __11__ 时 __55__ 分

9. 备注

_____